许林英　等　主编

豆类蔬菜品种与

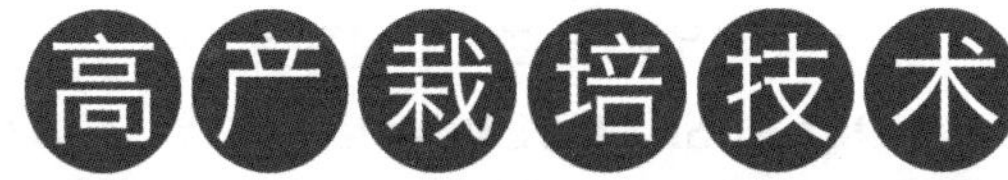

DOULEI
SHUCAI PINZHONG YU GAOCHAN ZAIPEI JISHU

中国农业出版社
农村读物出版社
北　京

图书在版编目（CIP）数据

豆类蔬菜品种与高产栽培技术 / 许林英等主编 .—北京：中国农业出版社，2023.10
ISBN 978-7-109-30979-1

Ⅰ. ①豆…　Ⅱ. ①许…　Ⅲ. ①豆类蔬菜—蔬菜园艺
Ⅳ. ①S643

中国国家版本馆 CIP 数据核字（2023）第 147607 号

豆类蔬菜品种与高产栽培技术
DOULEI SHUCAI PINZHONG YU GAOCHAN ZAIPEI JISHU

中国农业出版社出版
地址：北京市朝阳区麦子店街 18 号楼
邮编：100125
责任编辑：冀　刚　冯英华
版式设计：王　晨　　责任校对：吴丽婷
印刷：北京通州皇家印刷厂
版次：2023 年 10 月第 1 版
印次：2023 年 10 月北京第 1 次印刷
发行：新华书店北京发行所
开本：850mm×1168mm　1/32
印张：5.75
字数：150 千字
定价：32.00 元

编 者 名 单

主　　编：许林英　王先挺　刘荣杰
倪日群　王　剑

副 主 编：张　瑞　张　慧　张立权
王伟毅　王　笑　翁丽青
周洁萍　胡　伋　吴如燕
郭焕茹　陈江辉

前言 FOREWORD

豆类蔬菜在蔬菜产业中具有很重要的地位，主要以鲜食和干豆等多种形式供应市场，取得了较好的社会效益和经济效益。本书对四大主要豆类作物——鲜食大豆、鲜食花生、蚕豆、豌豆分别作了介绍，内容涉及历史与发展、生长特性、类型与品种、栽培技术、病虫草害及其防治技术等，将各地种植技术与编者的实际试验和推广应用经验相结合，并引用了有关文献的精髓，提高了生产的实用性。希望本书能为豆类作物生产区的科技工作者和农户提供参考。

本书的鲜食大豆、鲜食花生、豌豆章节由许林英编写；蚕豆章节由王先挺编写；豆类蔬菜病虫草害及其防治技术章节由刘荣杰、倪日群、王剑编写；张瑞、张慧、张立权、王伟毅、王笑、翁丽青、周洁萍、胡伋、吴如燕、郭焕茹、陈江辉等也参与了部分内容的编写工作。

本书得到了宁波市科学技术局公益类项目“花生新品种选育及高效栽培技术集成研究”（项目编号：2022S187）资助。在编写过程中，参阅和引用了相关著作、论文，并得到了许多专家、学者的指导，在此表示衷心的感谢。

由于编者水平有限，加之时间仓促，书中难免存在不足之处，敬请广大读者批评指正。

编　者

2023年2月

目录 CONTENTS

第一章

鲜食大豆

第一节　鲜食大豆的历史与发展

栽培大豆［学名：*Glycine max*（L.）Merr.］为蔷薇目豆科蝶形花亚科大豆属的一年生草本植物，高30～90厘米。茎粗壮，直立，密被褐色长硬毛。叶通常具3小叶；托叶具脉纹，被黄色柔毛；叶柄长2～20厘米；小叶宽卵形，纸质。总状花序短的少花，长的多花；总花梗通常有5～8朵无柄、紧挤的花；苞片披针形，被糙伏毛；小苞片披针形，被伏贴的刚毛；花萼披针形，花紫色、淡紫色或白色，基部具瓣柄，翼瓣蓖状。荚果肥大，稍弯，下垂，黄绿色，密被褐黄色长毛；种子2～5颗，椭圆形、近球形，种皮光滑，有淡绿色、黄色、褐色和黑色等。花期6—7月，果期7—9月。大豆在我国至今已有四五千年的种植历史。由于我国南北各地广泛生长着野生大豆，大豆在我国的栽培利用年限也最久，世界上一致公认，大豆原产于我国。

一、鲜食大豆栽培的历史

据于省吾先生考证，商代就有菽豆甲骨文的初文，周代称大豆为菽，秦代以后才改称为豆子。汉初司马迁的《史记》中有黄帝种五谷（黍、稷、稻、麦、菽）的记载，菽即今日之大豆。2 000多年前的古籍《禹贡》中就提到“豫州，宜五谷”，豫州就是现在的河南。我国最早的一部诗书《诗经·小雅·小宛》中也写道："中原有菽，庶民采之。"战国时期，菽、粟并称，居五谷、九谷之首。豆叶供蔬食时，被称为"藿羹"。汉代的古农书《氾胜之书》中也提到"大豆保岁易为，宜古之所以备凶年也。谨计家口数，种大豆，率人五亩"。这些描述说明，大豆在当时已被广大群众作为粮食作物。我国有当今世界上最古老的大豆出土文物。1953 年，河南洛阳烧沟汉墓中出土的陶仓，距今已 2 000多年，上面就写有"大豆万石"的字样，在出土的壶上写着"国豆一钟"4 个字。1975 年，在湖北江陵凤凰山发掘的距今 2 100 多年的汉墓中，有大豆组织粉末。据考证，世界其他国家的栽培大豆，几乎都是直接或间接地从我国引过去的。据资料记载，早在 2 000 年前左右，朝鲜和日本先后从我国引种大豆，在《古事记》(712)、《日本书记》(720) 上已有关于大豆的明确记载。大约在 300 年前，印度尼西亚开始栽培中国大豆。16—17 世纪俄国在乌苏里边区开始种大豆。18 世纪大豆从我国和日本经海路引入欧洲，如 1739 年引入法国、1786 年引入德国、1790 年引入英国。美国最早是 1804 年在文献上有大豆的报道。1873 年，我国大豆在维也纳万国博览会上首次展出后，进一步震惊世界、闻名于世，并更加迅速地传到了世界各地。

二、鲜食大豆生产的发展

我国是世界上最大的鲜食大豆生产国和出口国，国内需求量很大，出口量占全世界的 52%。鲜食大豆产品主要有青豆荚、青豆粒、冷冻青豆荚以及保鲜青豆荚等多种类型。近年来，随着人们生活水平的提高，城乡居民鲜食大豆的消费水平逐渐上升，并已从南方扩展到北方，鲜食大豆市场也逐步发展。通过品种合理搭配和分期播种等措施，鲜食大豆供应期可以从 5 月上中旬一直延续到 11 月中旬，市场潜力巨大。目前，我国鲜食大豆主要生产区域为长江流域和东南沿海地区，长江流域为我国传统鲜食大豆的生产区域，主要包括江苏、上海、浙江、安徽、江西、湖南、湖北等省份。鲜食大豆作为该区主要旱田作物之一，生产历史悠久，随着农业产业结构的调整和外向型农业的发展，鲜食大豆生产已形成相当大的规模，引进和培育了许多加工专用品种，栽培季节以春、秋两季为主，并出现一批专门从事鲜食大豆生产、加工和销售的企业。

近年来，随着国家对粮食生产的重视和发展，2022 年鲜食大豆栽培面积在 90 万亩* 左右。宁波作为浙江的鲜食大豆主产区，其大豆种植历史悠久，鲜食大豆的引进栽培也已有 30 余年的历史，最早由浙江海通食品集团股份有限公司于 1989 年通过日本东京丸一株式会社引进了白狮子等日本鲜食大豆品种，在慈溪市长河镇大路头村开展了大棚育苗和小拱棚栽培模式的尝试，并一举获得成功。经过 30 多年的稳步发展，2022 年宁波种植面积虽然较前几年稍有萎缩，但也维持在 20 万亩以上，占宁波蔬菜种植总面积的 10%左右，是宁波种植的主要蔬菜之一，主要分布在慈溪市、余姚市、象山县和鄞州区等地。其中，慈溪市种植面积近 8 万亩，占宁波种植面积的 40%。其速冻产品 90%出口到日本，鲜食大豆已成为当地出口创汇的重要农产品之一。

东南沿海鲜食大豆产区主要包括台湾和福建。1994 年台湾种植鲜食大豆 15 万亩，年产量 12 万吨，以冷冻产品外销日本，占日本进口量的 90%以上。随着台湾劳动力成本的提高，鲜食大豆的种植向福建东南沿海一带转移。2000 年福建种植鲜食大豆 10 万亩，总产量达 4.5 万吨，加工出口 1.5 万吨，成为福建重要出口农产品之一。

近年来，随着气候变暖及产业化发展的需要，鲜食大豆的种植区域也逐渐从低纬度地区向高纬度地区发展。福建、浙江的鲜食大豆种植面积逐年减少，江苏、安徽、山东等地逐渐成为新的鲜食大豆主产区。

---

* 亩为非法定计量单位，1 亩≈667 米^2。——编者注

第二节　鲜食大豆的生长特性

一、大豆的生物学特性

（一）大豆的生育期和生育阶段

1. 不同季节生态型大豆的生育期　大豆从播种到鲜豆荚上市的整个生育期，品种间差异很大。短的只有 55～65 天，最长的可达 150 天以上。浙江种植的大豆有春大豆、夏大豆和秋大豆 3 种类型，它们的全生育期以夏大豆较长，为 105～135 天；春大豆和秋大豆均较短，为 85～105 天，其中秋大豆又比春大豆短些。春大豆、夏大豆和秋大豆是不同的季节生态型，它们长期在不同季节里生长发育，就形成了与不同季节气候条件相适应的具有不同特性的品种类型。

2. 大豆引种与生育期的关系　一般所说的大豆生育期，只有在一定的地区、一定的播种期下才有意义。因为大豆是对环境反应敏感的作物，特别是受日照长度的影响更显著。大豆是短日照作物，在缩短日照时，可明显促进发育，缩短生育期；而在延长日照的情况下，则阻碍发育，延长生育期，有的甚至不能开花结荚。南北不同地区，日照长度不一样，生长季节北方日照比南方长，纬度越高，夏季的日照越长。因此，大豆如远距离南种北引，由于日照比其原适应地区延长，大豆的生殖生长就受到抑制，开花延迟，生育期拉长。据报道，大豆从其适应地区向北推延纬度 4°，就有在霜前不能成熟的危险；相反，远距离的北种南引，由于日照缩短，就会加速发育，缩短生育时期，使产量明显降低。

不同地区的大豆品种，对短日照反应的敏感程度不一样，在南北间引种时，生育期变化的程度有明显差异。一般原产于北方的品种，长期在北方夏季长日照条件下生育，形成了对长日照的适应性，因而对日照的反应比较迟钝，在长日照条件下，有些品种甚至在连续光照下也能正常发育。但如果北方的品种置于短日照条件下，仍可加速发育，使生育期缩短，反映了大豆作为短日照作物的特性。原产于南方的品种，由于长期在南方短日照条件下生育，保持了它对短日照的敏感性，一定要满足其短日照要求才能正常发育。所以，南方品种可相互引种的纬度跨度就要小得多。

同一地区不同季节生态型的品种，对日照反应也有差异。春大豆是在不断延长日照的条件下进行生育，因此对日照的反应就比较迟钝，在长日照条件下可正常发育或稍有延迟。相反，秋大豆是在不断缩短日照的条件下进行生育，因而保持了对短日照的敏感性，如往北引种，在长日照影响下，发育受阻的程度比春大豆要大得多。

3. 播种期与生育期的关系　大豆生育期长短受播种期影响也很大，一般是早播延长生育期，迟播则缩短生育期。秋大豆感光性强，只有在秋播的短日照条件下，才能正常发育。如果将秋大豆进行春播，那么在春、夏不断延长日照的条件下，就不可能正常发育，早播不能早开花，或者虽然能提早开花，但都不能正常结荚，导致生育期拉得很长，植株很高大，而产量不高。这与其远距离向北种植的情况很相似。

（二）大豆的生育阶段

大豆的一生要经历种子的萌发、出苗、幼苗生长、分枝、花芽分化、开花、结荚、鼓粒、成熟等一系列生长发育过程。根据器官发生的特点和对外界环境条件反应的变化，可分为种子发芽和出苗期、幼苗生长期、花芽分化期、开花期、结荚鼓粒期和成熟期等阶段。前 2 个时期是以发根、长叶、发生分枝为主的营养生长期，第三和第四个时期是营养生长和生殖生长并进的时期，后 2 个时期是以荚果形成为主的生殖生长期。鲜食大豆由于在豆荚鼓满时采收，因而在未达到生理成熟时就完成生育周期。

1. 种子发芽和出苗期　大豆为双子叶植物，种子无胚乳，有 2 片肥大的子叶，发芽时子叶出土。大豆种子在适宜的条件下萌发。首先，胚根穿过珠孔、突破种皮而扎入土中，之后形成主根。其次，下胚轴迅速伸长，其弯曲部分逐渐上升，把胚芽连同子叶一起顶出土面，之后长成主茎和枝叶。子叶出土、种皮脱落时，即为出苗。子叶出土后，变成绿色。出苗所需时间依播种期和气温高低而不同，一般为4～15天。播种早，气温低，则出苗时间长；反之，则出苗时间短。

种子在适宜的温度、水分和空气条件下，才能发芽。通常18～20℃时，种子发芽快而整齐，播后6天即达齐苗。大田条件下，温度需稳定在10℃以上才可播种。种子富含蛋白质和油分，发芽时需吸收足够的水分。一般要求土壤田间持水量为70%～80%，需吸收种子本身重的1.2～1.5倍水分才可发芽；适宜的空气有利于种子的呼吸，促进种子内养分的转化。因此，播种时要求整地质量高，土壤平坦疏松，同时播种不宜过深，以利于大豆顶土出苗。

2. 幼苗生长期 幼苗生长期主要表现为发根、出叶及主茎的生长。叶片分为子叶、单叶和复叶。出苗后，子叶展开变绿并进行光合作用，这对促进幼苗的生育有重要的作用。随着幼茎的生长，单叶展开，此时苗高3～6厘米，称为单叶期。随后，茎顶端分化出复叶，在苗期，复叶的出叶间隔为5～6天。

大豆根系为主根系，出苗后，胚根伸长为主根，发芽后5～7天在其周围形成4排侧根，向水平方向扩展和向下延伸。主根长度相差不大，但侧根数有随着播种深度加深而减少的趋势。大豆播种深度一般以4厘米产量最高，多雨年份播种深度以3厘米为好，干旱年份则以5厘米为好。

在培土或土壤水分充足时，大豆胚轴和茎基部均可发生不定根。这些不定根是由近形成层的射线薄壁细胞在恢复分裂能力后分化形成的。若进行人工断根处理，断根的最佳部位在胚轴与主根交界处。大豆根的大部分集中于地表至20厘米表土耕层之内。从横向分布看，根重的78%～83%集中在离植株0～5厘米的土体内。

根瘤在出苗后 5～6 天开始形成。根瘤菌由侵染丝通过根毛进入内皮层细胞，内皮层细胞因受根瘤菌分泌物的刺激在根上形成根瘤。固氮在出苗后 2～3 周开始，以后固氮能力逐渐增强。

幼苗出土至花芽分化需 20～25 天，约占整个生育期的 1/5。在苗期，大豆的生长较为缓慢，其中地上部分又比地下部分生长缓慢，在春大豆幼苗生长期气温低，其生长速度比夏大豆、秋大豆缓慢。种子萌发后，第二个三出复叶发生需 3～3.5 天，以后的各个复叶发生需 2～3 天，每隔 3～4 天出现 1 片复叶。

最适合幼苗生长的日平均温度在 20℃以上，但此期幼苗能耐低温和干旱。因为此时幼苗叶面积较小，耗水量低，所以较能忍受干旱。据测定，在 0.5～5.0℃情况下，如果时间短，则大部分幼苗不会出现受害症状。苗期土壤适当少水可促使幼苗根系深扎，发根良好。幼苗生长期叶面积小，叶面积指数仅为 0.2 左右，但根系吸收氮、磷的速度较快，虽然根瘤形成，但固氮能力不强。因此，苗期还需补充一定的氮素营养。苗期因地上部生长缓慢，很容易被杂草荫蔽，故有“豆怕苗里荒”的说法，在生产上要注意苗期勤中耕除草。

大豆属短日照植物，光周期影响大豆的发育。一般认为，出苗后 1 周，对光照条件有反应。出苗后约 16 天，在一定的短日照条件下处理 10 天，即能通过光照阶段。另外，光周期效应不仅制约开花，也影响开花以后的发育时期，如结荚期、成熟期。

3. 花芽分化期　一般自出苗后 20～30 天，即开始花芽分化，从花芽分化至始花为花芽分化期。此期是分枝发生和生长的主要时期，其特点是花芽相继分化，分枝不断发生，营养生长速度日渐加快，是大豆生长发育的旺盛时期。

当植株完成一定的营养生长以后，茎尖的分生组织开始发生花原基或花序原基。从花原基出现到花开放一般为 25～30 天。大豆花芽分化的早晚，因品种和环境条件而异。大豆的花芽分化过程及其历经的天数可划分如下：

（1）花芽分化期：开花前20～30天。

（2）雌蕊心皮分化期：开花前15～20天。

（3）胚珠及花药原始体分化期：开花前10天。

（4）雄性生殖细胞分裂期：开花前5～7天。

（5）雌性生殖细胞分裂期：开花前4天。

大豆植株形成的花虽然很多，但花和蕾的脱落率很高，一般达30%～50%，多的高达70%。花芽分化期间，分枝也在生长，分枝的发生与出叶有一定的关系。通常出叶节位与分枝节位相差4个节。然而，子叶和单叶上的分枝常常延迟或不萌发。复叶以上的茎节，随着主茎发育，依次由下而上陆续发生分枝，当植株的花芽分化结束时，分枝的发生随之停止。

植株茎上的节是由茎尖分生组织细胞不断分生而产生，主茎节数与生育期有关。不同品种和不同栽培条件下的主茎节数差异很大，少的6～7个节，多的30余个节。分枝是由主茎节上的腋芽发育而成的，子叶、单叶或复叶的叶腋都可能产生分枝。一般植株下部各节上的腋芽常发育成分枝。分枝的多少和长短受遗传性制约，同时与环境因素的差异有关。空间大、肥力高，形成分枝多；空间小、肥力低，形成分枝少。

花芽的分化受日照长短的影响，短日照促进花芽的分化，长日照延缓花芽的分化。花芽分化还受温度的影响，在15～25℃的温度下，有利于花芽形成，超过25℃则延缓分化。花芽分化期要求的最低温度是11℃，低于这个温度，大豆的花芽分化即受阻，始花期延迟。在各生育期中，该阶段对低温最敏感，是生育生理上低温冷害的关键时期。

花芽分化与否或迟早，依品种的原产地地理纬度、品种的生育期类型及播种期的不同而有较大差异。花芽分化期是大豆生长发育的旺盛时期，植株生长量较大。这一时期与幼苗生长期相比，矿质养分日平均积累速度增加4倍，叶片数增加1.5倍，叶面积增加约4倍，植株高达总株高的1/2，茎粗增长70%，根系仍以较快的速度继续扩大，因此是营养生长比较旺盛的时期。另外，严格地说，从花芽开始分化已可以算作进入生殖生长期。所以，花芽分化期实质上是营养生长与生殖生长并进时期。此时期植株营养物质的输送，地上部分主要集中于主茎生长点和腋芽。若养分不足，则首先影响腋芽。因此，此时期需要良好的环境条件，满足植株旺盛生长和花芽不断分化的需要，达到株壮、枝多、花芽多的目的。

4. 开花期　花芽分化完成后开始膨大，但花仍紧闭，包住花冠；接着花萼略开，可见花瓣。继而雄蕊伸长，花萼逐步开放，花瓣与花萼齐平，雄蕊继续伸长，与雌蕊高度接近，不久花瓣稍高于花萼，雄蕊与雌蕊高度相同，花粉囊裂开，花粉粒落于柱头，开始授粉受精过程。随后花冠展开，称为开花，但也有一些品种花冠不展开或展开不畅。一个花蕾从形成到完全开放一般需3～7天，开花只需1天即可完成。始花后1～11天开花最盛。每天的开花数量以早上为多，占70%～80%，6：00开花，8：00—10：00盛开，16：00后基本停止。开花时期的长短也因品种和环境条件的不同而有变化，一般为18～40天，有限结荚习性品种花期较短，无限结荚习性品种花期较长。此外，大豆开花期的长短与栽培条件也有一定关系。早播、水肥充足的，花期较长；反之，花期则短。大豆开花期是营养生长和生殖生长并进时期。进入初花期以后，植株迅速增高，叶面积指数迅速扩大，根瘤数目迅速增多，因而植株干物质也迅速增加。据测定，整个花期只占全生育期的1/4～1/3，而营养体的增长和干物质的积累却占1/2以上，是大豆一生中营养生长最快的时期。从生殖生长角度看，一方面大量开花，另一方面部分花芽正处在分化过程中，而早开的花已结成幼荚并开始伸长，所以生殖生长也处在旺盛时期。由于开花期是大豆营养生长与生殖生长并进时期，因此对环境条件的要求比较高，反应敏感，如环境条件不能满足这个时期的要求，就会引起大量落花落荚，造成减产。开花的最适昼夜温度分别为22～29℃和18～24℃，最低温度为16～18℃。温度过高或过低都会抑制开花。空气相对湿度在70%～80%、土壤最大持水量在70%～80%时，对开花最为有利。

5. 结荚鼓粒期

（1）受精和胚珠发育过程。大豆是自花授粉、闭花受精的作物。花冠未开放前，花药已裂药散粉，持续达2～3小时，花粉的可育率为80%～95%。花粉萌发后，进入珠孔，与胚珠进行双受精。成熟的花粉粒具有1个营养细胞和1个生殖细胞。自花授粉后，落到柱头上的花粉随即萌发，从3个萌发孔中的任何1个长出1条花粉管，生殖细胞很快进入其中。受精前的成熟胚囊中有1个卵细胞、2个助细胞和具次生核的中央细胞。花粉发芽15～20分钟后花冠开放。开花后7～10天，分化种皮各组织；开花后15～20天分化子叶，随后分化初生叶；开花后30天分化第一复叶。

（2）豆荚形成与品质相关内含物的积累。开花受精后，子房随之膨大，接着出现软而小的青色豆。开花后10天，豆荚迅速生长；开花后20天，豆荚长度达全长的90%左右；25～30天才达最大宽度；厚度的增加，在豆荚伸长结束时才开始。种子干物质的积累，其重量的增加比体积的增加稍迟。在开花后10天内增加缓慢，荚长一般在1.8厘米左右，以后的1周增加很快，每天平均增长0.4厘米左右。

豆荚的长度和宽度在生殖生长早期就相对固定下来，然后籽粒迅速充实，接着豆荚扩展，豆荚的厚度和重量增加。鲜食大豆的口味与种子的蔗糖成分和游离氨酸成分密切相关，因此有必要对种子中蔗糖成分和游离氨基酸成分作出评估。种子中的糖类主要有葡萄糖、果糖和蔗糖，蔗糖含量比较高，豆荚生长早期总的蔗糖含量缓慢上升，到中期后保持平稳状态，果糖和葡萄糖的含量下降。游离氨基酸含量随着豆荚的伸长逐渐下降，为了有较好的口味，最好尽早收获。把豆荚颜色作为指标，最好在开花后40天以前收获。不同品种的最佳收获时间有一定的差别，一般当主茎上有40%的豆荚完全充实时进行收获较适合。豆荚充实的速度较快，最适收获时间一般只有2天或3天。

（3）种子发育及干物质积累。子房单室，内具2～4个胚珠，以3个为多。胚珠以珠柄着生在腹缝线上，弯生，珠孔向上，开口于腹缝一侧。直到受精14天后，胚珠及胚组织的相对比例仍然相同。随着子叶的迅速生长，胚乳很快被吸收，在受精后18～20天，只剩下残余的胚乳。在胚的发育过程中，胚珠的珠被形成了种皮，珠孔变为种孔，种脐即为胚珠珠柄成熟断落后的痕迹。1个胚珠即成为1粒种子。

种子极大部分的干物质是在开花后30天左右积累的。在种子发育过程中，随着种子的增大，粗脂肪、蛋白质等逐渐增加，淀粉与还原糖则逐渐减少，灰分中的磷也逐渐增加。种子中蛋白质与油分的积累比较迟，开花后30～45天才达总量的1/2左右。开花后20～40天粒重的增长量占总粒重的70%～80%，单粒重的最大日增长量为7.51毫克。多数品种在开花后35～45天籽粒增重最快。

（4）结荚鼓粒期对环境条件的要求。在结荚鼓粒期，生殖生长占主导地位，植株体内的营养物质开始再分配和再利用，籽粒和荚果成为这一时期唯一的养分聚集中心。此时的环境条件，对结荚率、每荚粒数、粒重及产量有很大的影响。大豆结荚鼓粒喜凉爽的天气，但结荚期温度要在15℃以上，至鼓粒阶段能耐9℃的低温。进入鼓粒期后，温度稍低有利于物质的积累。南方鲜食春大豆的结荚鼓粒期为5月下旬以后，一般不会遇到低温问题，鼓粒期如天气凉爽、昼夜温差大、土壤水分适宜，不但有利于籽粒充实、粒重提高，还可以增加油分。一般有限结荚习性品种在开花终了时，幼荚形成和伸长不多；而无限结荚习性品种在开花终了时，植株下部的荚已有相当数量，有的荚甚至已达到最大长度与宽度。所以，开花结荚和鼓粒没有很明显的界限。

6. 成熟期 随着豆粒的形成，光合产物大部分输送给豆粒使其膨大，鲜食大豆留种或繁种种子在养分充实后，水分逐渐减少，有机物质积累达到最高峰，最后种子变硬而呈现品种固有的形状、大小和色泽，荚也呈现固有颜色，此时称为成熟期。

二、大豆器官的形成与发育

（一）根和根瘤

大豆的根为圆锥根系，由主根和侧根组成。鲜食大豆根系发达，近地面7～8厘米处主根较粗，侧根水平伸展40～50厘米后入土深1米左右，好气性强，适宜在土壤肥沃、活土层深厚、有机质含量高的沙质土壤中栽培。侧根先略水平地向四周辐射状伸展，而后急转向下生长。从主茎分出的次侧根上，又可分出二次侧根，从二次侧根上还可分出三次侧根，越往下生长，根越细。主根和侧根都能着生根瘤，但主要集中在20厘米以内的耕作层。

大豆发芽后，胚根伸长即形成主根，经3～7天，侧根开始出现。在幼苗期，根的伸长速度较快，特别是从出苗到第一片复叶的出现，根系的生长发育是大豆植株生长的主要中心。发芽后1个月，一次侧根的数目已达到最多，主根深度一般可达45～60厘米，侧根的横向伸长可达20～25厘米。1个月以后，根系的进一步发达主要是依靠第二次以下的侧根生长。从开花末期到荚伸长期是根系达到最发达的时期，此后才开始逐渐衰退减弱。大豆根系的生长受品种及环境条件的影响较大，一般迟熟品种植株较高大，根系也较发达。土壤水分适宜、疏松通气，有利于根系的生长；磷素充足，根的数量和干重明显增加；苗期多氮，则对根系的发育有抑制作用。

大豆的根瘤是大豆根瘤菌侵入根部后，被侵入的皮层部细胞受到根瘤菌增殖的刺激而加速分裂所形成的，根瘤内含有许许多多的根瘤菌。大豆根瘤菌要依赖大豆供给养分，但又能把空气中大豆不能直接摄取的游离氮固定为氨，再进一步转化为α-氨基化合物供给大豆使用。所以，大豆和大豆根瘤菌是互相依赖的共生体。一般来说，发育良好、较大、呈粉红色的根瘤，其根瘤菌的固氮作用较强；如根呈绿白色，则固氮作用较弱。大豆的根瘤一般在出苗后1周左右就可开始形成，但最初体积小、数量少、固氮能力也较弱。以后随着植株生长，根瘤数目不断增加，固氮能力也不断增强。从开花到籽粒形成初期是根瘤固氮最活跃的时期。据测定，这一时期的固氮量占根瘤一生全部固氮量的80%～90%。此后，由于籽粒发育，植株养分多流向荚实，根瘤菌得不到地上部养分的充足供应，固氮作用迅速下降，根瘤逐渐衰败。大豆根瘤菌在pH 4.8～8.8的范围里可保持活力，pH 3.9～4.8的范围里根瘤的形成和根瘤菌的活动受到抑制，pH 3.9以下，根瘤菌不能存活。此外，适宜的土壤温度（20～24℃）、适宜的土壤水分（60%～80%）、良好的通气性、充足的磷素营养等条件，均有利于根瘤菌的发育和固氮能力的提高。

（二）叶片

大豆是子叶出土的作物，子叶出土后遇光即变成绿色并水平展开。绿色的子叶不但以其储藏的养分供给幼苗生长，而且能进行光合作用。出土后大约2周内，子叶中的叶绿素不断增加，光合能力也不断增强。随着幼苗生长，子叶之上又长出1对初生的单叶，互生，呈卵圆形，为胚芽的原始叶，是大豆生育初期重要的光合器官。单叶以上所出的叶片均为具有3片小叶的复叶，互生，有长叶柄。小叶有近圆形、卵圆形、椭圆形、披针形等，因品种而异。叶柄基部有三角形托叶1对。叶面有茸毛或无。一般叶片呈细长形状的，叶绿素a和叶绿素b的比值较低，光补偿点[①]较低，耐荫性较强，适合与其他作物间套作。大豆单株各叶的面积，以主茎中上部的叶最大，顶部叶其次，下部叶较小。叶

① 光补偿点指同一叶片在同一时间内，光合作用吸收的二氧化碳量和呼吸作用放出的二氧化碳量相等时的光照度，称为光补偿点。

片展开到脱落的时间，中部叶较短，下部叶其次，上部叶最长。有限结荚习性品种上部和顶部叶的面积比无限结荚习性品种显著较大，而开花以后的出叶数，有限结荚习性品种比无限结荚习性品种要少。从单位面积上的叶面积发展看，初期增长很缓慢，进入花芽分化期以后，叶面积迅速扩大，开花结束至鼓粒阶段，达到最大叶面积指数，此后逐渐下降，并在接近生理成熟以后，残存在植株上的叶片逐渐转黄，最后在叶枕处产生离层脱落。

大豆叶片的光合强度，从下位叶到上位叶依次增加，其保持高光合强度的时间，也由下而上逐渐增加。大豆叶片的光合强度，在整个生育过程中出现 2 个高峰：一是在开花初期，二是在鼓粒盛期。这与大豆在该时期需要较多的光合产物相吻合。

（三）茎和分枝

大豆的茎由主茎和分枝组成。茎直立或半直立，圆形而有不规则棱角，上有灰白色至黄褐色茸毛，嫩茎绿色或紫色，绿茎开白花，紫茎开紫花。老茎灰黄色或棕褐色。叶腋抽出分枝或不分枝。主茎的节数因品种而不同，生育期长的品种，主茎节数较多，生育期短的则较少。主茎节数与产量有一定关系，主茎节数多的，一般产量较高。主茎的伸长，开始时较慢；当第三片复叶展开时开始加快，到开花以后生长最快；当所有茎节都出现豆荚时，茎的伸长停止。

大豆的结荚习性是大豆的综合生长性状，与分枝性、株高、生长势态、繁茂程度和粒茎比有密切关系，而这些性状又与生态环境条件密切相关。根据大豆茎的伸长与开花结荚的关系，可将大豆分为有限结荚习性、无限结荚习性和亚有限结荚习性 3 种类型。

1. 有限结荚习性 直立性较好，茎秆坚韧，植株较矮，株高一般在 30～100 厘米。当肥水条件好时，生长粗壮，不易倒伏，产量较高。开花以后不久，其顶端生长点就转化成顶花序，限制了茎的继续生长。这种类型一般是植株中上部先开花，而后逐渐向下、向上开花，花荚集中，花期较短，开花以后的营养生长量比较少，开花与营养生长并进的时间较短。顶部叶片大，冠层封闭较严，结荚和成熟较一致。

2. 无限结荚习性　主茎和分枝的顶芽一般不形成顶花序，其顶端生长点在适宜条件下，能较长时间地保持伸长能力，在结荚期间仍继续生长，营养生长和生殖生长重叠的时间长。这种类型通常是植株下部先开花，而后由下而上不断开放，花荚分散，花期长，开花后的营养生长量较大，结荚分散，成熟不一致，植株高，节数多，多属丛生或蔓生，在干旱、缺肥的条件下，仍有一定的产量。一般茎秆从下而上由粗变细，叶片越往上越小。

3. 亚有限结荚习性　植株性状和特性介于上述两者之间，形成顶花序的时间迟。除主茎和分枝顶端有较多的花和荚之外，其他性状更接近于无限结荚习性。

有限结荚习性品种，一般不易徒长，对肥水条件要求较高，但耐瘠能力较弱；无限结荚习性品种，在高肥条件下容易徒长，但比较耐旱耐贫瘠，抗逆力较强，在迟播情况下，产量表现比较稳定。因此，在早播、肥水条件好的情况下，要选用有限结荚习性品种；反之，则以选用无限结荚习性品种为宜。间作套种用的品种也以有限结荚习性品种为好。

大豆主茎每个节都有腋芽，每个腋芽都有可能发育成分枝或花序。一般主茎下部的腋芽大都发育成分枝，中上部的腋芽多发育成花序，最下部的子叶节和单叶节也能发生对生的分枝，但一般发生率较低，并且比较瘦弱。只有主茎第一复叶以上发生的分枝，发育才比较良好。分枝由下而上按次序发生，通常当主茎长到第五片复叶时，在第一复叶节上发生分枝，即第五片叶与第一分枝有同伸关系。以后第六片叶与第二分枝、第 n 片叶与第 $n-4$ 分枝的出现期相一致。分枝的多少与品种及播种期有关，浙江春大豆和秋大豆一般有 2～5 个分枝（具有 2 个节以上），且都为一次分枝。夏大豆生育期长，分枝数多，有时也有二次分枝结荚的情况出现。根据分枝与主茎所构成的角度以及分枝的大小，分为不同的类型。①收敛型：分枝较长，与主茎构成角度小，分枝向上生长，收敛呈筒状；②展开型：分枝较长，分枝与主茎构成角度大，张开如扇状；③中间型：分枝张开角度介于上述两者之间。上述分枝类型以收敛型较适于密植，展开型则不耐密植。

大豆分枝的多少与外界环境条件及顶端优势也有关系。摘心可明显促进分枝的生长，但促进程度因摘心时间而异，早摘的对分枝促进大，迟摘的对分枝促进小，但对减少花荚脱落有一定作用。

（四）花

大豆花的分化始于开花前20～30天，从花蕾出现到开放一般为3～7天。大豆花为蝶形花，短总状花序，腋生或顶生，花小，白色或紫色。花冠由1枚旗瓣、2枚翼瓣、2枚舟瓣所组成；雄蕊10个，其中9个连在一起；雌蕊1个，柱头球状；子房由一心皮组成，内含胚珠1～4个，着生在腹缝线上。大豆的花期为10～30天，开花后4～5天进入盛花期，10～15天大多数花已开放。大豆是自花授粉作物，自然异交率不超过1%，花序着生8～10朵花，花期1～2天，一般在花朵开放以前已完成自交授粉，花粉发芽后15～20分钟，花冠才开放，每花序结荚3～5个，每荚结籽2～4粒。大豆的雌蕊比雄蕊早成熟1天左右，所以，在进行大豆杂交育种时，如果在花朵开放的前1天进行，就可免除去雄。大豆花粉生活力到开花后3天降到10%以下。

（五）豆荚和种子

大豆授精后，子房就开始膨大伸长而逐渐形成幼荚。荚的生长一般是先增加长度，再增加宽度。开花后15～20天荚达到最大长度，25～30天达到最大宽度。荚的外侧表皮下两层同化组织含有叶绿素，在开花后的40天内，尚有进行同化作用的能力。大豆的种子由受精的胚珠发育而成，其生长过程一般是宽度的增加早于长度的增加。

栽培大豆是从百粒重小于2克的野生大豆经人类的定向选择，逐渐积累变异演化而来的。栽培大豆按种子百粒重，可分为大粒型（20 克以上）、中粒型（12～19.9 克）和小粒型（小于 12 克）。鲜食大豆由于其商品性的需要，一般要求大粒品种干籽百粒重在 25 克以上。

籽粒较大的品种，在自然条件优越、土壤肥沃、水分供应较充分的地块则生长较好，而籽粒较小的大豆品种较能适应不良的环境条件。因而在生产上，鲜食大豆与普通大豆相比，较易受环境的影响，对肥水条件要求高，要求相对良好的生长环境。鲜食大豆尤其是特大粒品种，在种植过程中会产生一些环境胁迫问题，如结荚少、荚不饱满、落花落荚，甚至不结荚等，造成生产上的损失。

荚果矩形扁平，嫩荚绿色，成熟时黄色、褐色或深褐色。荚果表面密布茸毛，毛色黄褐色或灰白色（俗称白毛），鲜食大豆品种以白毛品种为好，尤其是鲜食大豆作为鲜售蔬菜，白毛品种的商品性更好。现在也有稀毛品种和无毛品种。种子椭圆形或圆形，无胚乳，百粒重 10～50 克，大多数百粒重为 20～35 克。种子寿命 2～4 年，多数鲜食大豆品种由于种子大，种子寿命较短，容易劣变和失活。

大豆的种皮颜色可分为 4 类：①黄大豆，种皮为黄色；②青大豆，种皮为青色，按其子叶颜色，又可分为青皮青仁和青皮黄仁 2 种；③黑大豆，种皮黑色，按其子叶颜色，又可分为乌皮青仁和乌皮黄仁 2 种；④其他色大豆，种皮为褐色、茶色、赤色及杂花色等。鲜食大豆基本上以黄色、青色种皮为主。近年来，育种家们为丰富鲜食大豆品种，新培育了一些黑色、茶色豆品种，正在陆续投放市场，如日本近年来新推出的“茶豆”。

三、大豆的环境要求

大豆是对环境条件变化比较敏感的作物。了解大豆生育与环境条件的关系，是采取正确农业技术措施的一个重要依据。

（一）温度

大豆发芽的最低温度为 6～7℃，最适温度为 30～35℃，最高温度为40～42℃。大豆种子虽然能在6～7℃下发芽，但速度极慢。据研究，温度低于9℃时，下胚轴的伸长就受到抑制。所以，在低温下，大豆虽能萌发，但往往不能出土成苗或者出苗很迟，易遭病菌侵染危害，不能培育成壮苗。大豆在15℃以上时，发芽和出苗才顺利，以15～25℃为发芽和出苗的理想温度；如温度再提高，出苗虽快，但苗较细弱。通常春大豆播种时温度偏低、出苗慢、出苗率低，为此常采用育苗移栽方法。育苗移栽法在育苗阶段用塑料薄膜盖苗床来提高温度，因此可提早播种，加速出苗和提高出苗率。大豆出苗后，植株生长发育所需要的最低温度为10℃，最适温度为30℃左右。花芽分化需要15℃以上的温度，15～25℃对花芽分化或开花有促进作用，25℃以上促进开花的效果就减弱，更高的温度甚至不利于开花。大豆开花的最适温度，要求日间在24～29℃，夜间在18～24℃。温度低于13℃时，会停止开花；但温度过高，也会引起落花落荚率增加。开花以后，特别是种子快速充实阶段，温度不宜过高。一般气候凉爽、昼夜温差大，有利于籽粒充实，增加粒重，并且有利于油分含量的增加。籽粒充实期如遇到高温多湿天气，容易使种子生活力降低。

（二）水分

大豆种子发芽要吸足种子本身重量1.2～1.5倍的水分，比玉米、水稻等作物发芽所需的水分多，主要是因为大豆含有丰富的蛋白质。一般认为，70%～90%的土壤相对湿度比较适宜大豆的生育。据报道，大豆每形成1斤* 干物质，需水300～500斤，但不同时期对水分的需求不同。幼苗期较能耐旱，一般保持土壤水分为最大持水量的50%左右为宜。随着幼苗生长，对水分要求日益增多，花芽分化期以保持土壤最大持水量的65%～70%为宜。开花期和种子形成期是大豆需要水分最多的时期，要求适

* 斤为非法定计量单位，1斤=0.5千克。——编者注

宜土壤水分为最大持水量的70%～90%，如低于70%，产量就直线下降。开花期若水分不足，花期缩短，开花数减少，花冠不能敞开，落花数增加。种子形成期比开花期需要更多的水分，是大豆需水的临界期。此时干旱会引起幼荚大量脱落，或产生大量的瘪荚、瘪粒，并降低种子的饱满度，对产量影响很大。据测定，一株大豆从出苗到开花，一昼夜消耗100～150克水，而从开花到鼓粒，一昼夜则要消耗300～500克水。因此，农谚有“大豆开花，沟里摸虾”的说法。相反，大豆到鼓粒期以后，对水分的需求就显著减少，过多的水分不利于大豆成熟。

（三）营养

大豆是需肥较多的作物，据吉林省农业科学院测定，每生产100斤种子，需吸收氮7.5斤、磷1.5斤、钾3.9斤、钙3.6斤，氮：磷：钾为5：1：2.6。如果出现徒长现象，由于养分多用于营养器官的生长，则所吸收的氮和磷比正常情况下还分别增加20%和49.4%。由于大豆吸收钙比较多，日本把钙和氮、磷、钾合称为大豆的四要素。大豆对四要素的吸收，开花以前比较缓慢，开花以后吸收加快，这与开花以后干物质的迅速积累相一致。到种子开始鼓粒时，各种营养元素的吸收基本都达到了最大值。这以后直到成熟前，氮素和磷素还略有增加，钙则保持一定水平，钾反而有所减少。大豆开花期是吸收各要素最快的时期。据研究，自出苗到开花，大豆只吸收16.6%的氮素、8.4%～12.4%的磷素和25%的钾素；但到开花结束时，已吸收氮78.4%、磷50%、钾82.1%。氮的吸收高峰期出现在初花期到盛花期，磷的吸收高峰期出现在开花盛期到末期，而钾的吸收高峰期比氮早，出现在临花期。

1. 氮　大豆籽粒含有40%左右的蛋白质，其茎、叶含氮量也很丰富。因此，大豆是需氮素很多的作物。大豆开花期供给充足的氮素尤为重要，此时如氮素不足，则结荚率降低，对产量影响比较大。有些试验表明，开花期氮素吸收量与种子产量之间呈现明显的正相关，即氮素吸收多的，产量比较高。

大豆吸收的氮素有来自土壤中的氮、肥料中的氮和根瘤菌固定的共生氮。一般根瘤菌固定的共生氮能满足大豆需氮量的1/3～3/4，生产水平越低，共生氮所占的比例越大。据测定，每亩大豆可固定纯氮7～15斤。由于根瘤菌固氮的作用，虽然大豆对氮素的需要量比较大，但施用氮肥的效果常有不一致的报道。大豆根瘤菌的固氮能力，除了与大豆的生育期密切相关外，还与土壤中氮的含量以及肥料氮的多少有关。一般土壤含氮量多、施氮肥水平高的，共生固氮就少。因此，在有些情况下，如氮肥施用不合理，增产效果就差或者没有效果。为此，必须注意施氮肥的技术，以提高氮肥的效果。一般来说，生育期短的品种比生育期长的施氮肥效果要好。大豆生育前期，根瘤菌还不多，活动能力也不强，固定的氮素比较少，此时适量施些氮肥，可促使幼苗生长健壮。反过来，幼苗生长被促进以后，就有较多的光合产物供给根瘤菌，从而促进了根瘤菌的发育并增强了根瘤菌的固氮能力。大豆进入开花期以后，需氮量急增，虽然此时根瘤菌的固氮作用也日趋旺盛，但仍不能满足大豆旺盛生育的需要。因此，大豆进入开花期后，根据当时的长势和地力情况，适当施些氮肥，对提高产量有良好的效果。此外，在肥源的选择上可多用有机肥，在施肥方法上做到氮肥深施或隔行施，或提前于大豆前作中施用，尽量减少肥料与根直接接触。

2. 磷 磷与器官的分化形成和生长点的生长有很密切的关系，它可促进花芽分化，增加花芽数目，加速养分向生殖器官运送，促进早熟，增加产量和提高大豆的品质。磷对根瘤菌的生长发育也非常重要。根据试验测定，在开花盛期，叶片吸收的磷有1/4～1/3被运往根瘤，对根瘤发育有明显的促进作用。磷在植物体内的分布，生育前期主要集中在生长点和其他生长最活跃的部分，生育后期则较多地分布于生殖器官。大豆生育前期根系吸磷能力比较弱，一般只能吸收可溶性磷化合物，随着植株生长，逐渐能利用难溶性磷化合物。当大豆生育前期供给充足的磷肥时，其吸收的大量磷素能以无机盐状态储存下来，到需要时则重新分配利用。因此，磷肥以早施为好。施用磷肥的效果，以土壤有效磷在150微克/克以下时比较显著。

3. 钾、钙和镁　钾与光合产物的合成和运输有密切的关系，在生育前期，钾和氮共同加速大豆的营养生长；在生育后期，则与磷配合加速植株体内的物质转化，提早成熟。此外，钾素对提高抗倒伏能力与促进根瘤发育也都有良好的作用。

钙对地下部发育的影响明显比地上部大，钙可促进生长点细胞分裂，加速幼嫩部分的生长，也可中和过多的草酸，降低土壤酸性，促进根瘤繁殖。缺乏钙，豆根脆弱而变成暗褐色，侧根的发育减少，根系发育不良。

镁在大豆灰分中的含量仅次于钙和钾，主要分布于生理机能旺盛的部分。镁可使大豆固氮能力增强。缺镁时，根短而不分侧根，叶和茎呈灰绿色，叶脉间发生黄色斑点，出现缺绿病。缺镁还会使磷的吸收和移动受到一定影响。

4. 微量元素　大豆生育除需要上述元素外，还需要铁、锰、硼、钼等微量元素。铁能促使生育良好，根系呼吸作用旺盛。缺铁时叶片变浅黄色失绿，但组织并不死亡。锰与叶绿素的形成有关，也是某些氧化物的活化剂，因而可促进呼吸作用，增强发育。缺锰时生长停滞，也会引起叶色变淡缺绿。硼可促进体内碳水化合物的运输，增加开花数和提高结实率，增加产量和含油量。缺硼时，生育变慢，叶色淡绿，叶面凹凸不平，根系和根瘤发育不良，茎尖的分生组织死亡。钼可促进根瘤生长和提高固氮能力，还可加速对磷的吸收利用，提早成熟。此外，铜、锌等微量元素对大豆的生长发育、产量和品质等方面均有影响。

（四）光照

大豆生长发育与日照长度的关系如前文所述。大豆植株有较强的耐荫性，光补偿点比棉花、谷子等作物低，适宜与其他作物间套作。大豆的光饱和点[①]，对单叶来说，约为 2.4 万勒克斯，在叶面积指数为 3.0～6.5 的群体情况下，生长发育最盛时为 4.0 万～6.0 万勒克斯，随着叶面积指数的提高，光饱和点也相应提高。大豆对光照最敏感的时期是开花后期或结荚初期。据试验，此时用反射法增加光照，荚数增加 31%～48%，产量增加 40%～57%。若此时进行遮光处理，荚数和产量分别比对照减少 16%和 29%。

（五）落花落荚

大豆花荚脱落是个普遍而严重的现象。据调查，大豆花荚脱落率一般在 40%～70%，严重的则达 80%～90%，是影响大豆产量的重要问题。

大豆花荚脱落的一般规律是有限结荚习性品种比无限结荚习性品种脱落率低。在一个植株上，有限结荚习性品种下部脱落的多，中部次之，上部最少；而无限结荚习性品种上部脱落较多，分枝上部脱落的多，而且落荚多于落花。花荚脱落时期，在开花末期是出现落花高峰的第一个时期，结荚后期到鼓粒初期是出现落荚高峰的第二个时期。

花荚脱落的原因很复杂，除了机械损伤、病虫害以及暴风雨影响之外，主要是由于株间光照不足，温度、湿度、水分、养分供应不足或不当，使植株体内新陈代谢不协调，各层叶片光合产物合成与供应不平衡以及某一时期运输系统受到阻碍，花荚所必需的养分种类和数量不足或比例失调所致。

大豆在开花结荚以后，根系活动旺盛，植株呼吸强度降低幅度小，花荚脱落率都低。大豆叶片可溶性糖的含量随着生育进程逐步升高，开花盛期达到高峰，在结荚初期有所下降。而大豆叶片可溶性糖的含量降低慢、下降幅度小，则脱落率低。叶片中含

---

① 光饱和点指当达到一定光照度后，光合速度不再因光照度的增加而增加时，即为光饱和现象，这时的光照度就是光饱和点。

糖量是先高后低、再高再低的变化规律。在开花后期叶片含糖出现第二次高峰，凡是花荚中可溶性糖含量高者，则脱落率低。大豆植株开花期间植株体内可溶性氮向花荚转移快，到结荚期合成蛋白质多者，则脱落率低。但开花期植株体内含氮过多，营养体生长过旺，易引起倒伏，则使花荚脱落率骤增。

通风透光状况也影响大豆的花荚脱落率。据调查，大豆开花结荚期间，在群体通风透光条件优越的情况下，光合作用强，花荚脱落率低；在群体的叶片互相搭接遮光的情况下，因光照条件不好，植株下部叶片光合作用差，花荚脱落率高。因此，满足肥水条件，改善群体的通风透光状况，是增花保荚的关键。目前，有些地方利用玉米与大豆间种，降低了大豆产量，主要是由于大豆受光条件恶化、同化产物供应不足、花荚大量脱落而引起的。因此，必须正确处理好两者争光的矛盾。

温度、湿度、水分、养分状况影响大豆的同化作用和异化作用，因而影响花荚的形成和脱落。开花结荚期间平均气温低于22℃、空气湿度低于60%，花荚脱落率高；温度适宜、空气湿度在80%，则有利于增花保荚；气温过高、湿度过大都会造成较多的花荚脱落。水分是大豆植株的主要组成物质之一，是大豆生长发育的命脉。因此，水分过多或过少都会使大豆花荚脱落增加。我国大豆产区大豆养分供应一般存在的问题，一方面是养分供应不足，满足不了大豆开花结荚期对养分的大量需求而造成开花结荚少，脱落较多；另一方面，则表现为养分供应失调，偏重某种营养元素的供应，或者养分供应与其他栽培技术配合不够得当，而引起花荚脱落较为严重。因此，合理增加营养元素是减少花荚脱落、增加结荚数量的重要技术措施。

解决花荚脱落问题，必须从增加开花数、降低脱落率出发，使之增花、增荚、增粒、增重，以提高产量。选用抗倒伏、高产稳产品种；合理施肥，大豆与矮棵作物间种，合理密植，适时灌水、摘心或化学调控等栽培技术，都能有效地增加开花数量，降低花荚脱落率，提高大豆产量。

第三节　鲜食大豆的类型与品种

一、鲜食大豆的类型和标准

（一）鲜食大豆的植株类型

鲜食大豆的植株类型分为直立、半直立和蔓生匍匐。直立和半直立的生长习性多为有限生长类型，蔓生匍匐多为无限生长类型。

1. 有限生长类型　主侧枝生长到一定程度发育成花和花序的芽为花芽，主茎上部先开花，后向上、向下延续开花，花期较集中，果荚主要着生在主茎中部，种子大小较一致。

2. 无限生长类型　植株顶芽为叶芽，自主茎基部逐节向上着生花序，花期较长，每节结荚数由下而上逐渐减少，顶端常结一个荚。

（二）鲜食大豆的品种类型

1. 按播种季节划分

（1）春大豆型。春大豆在南方露地栽培条件下，一般在 2 月底至 4 月初（因纬度不同而异）播种，5 月底至 6 月上市。春大豆光周期反应较迟钝，生育期短，适应性广，如自我国台湾引入的“AGS292”。东北地区无霜期 100～170 天的地区为春播，播种期为 4 月下旬至 5 月上旬，8 月收获。少数在 6 月上旬播种，霜前收获。

（2）夏、秋大豆型。夏大豆分布于我国南方地区及黄淮海流域，在冬播作物收获后播种。秋大豆在早稻等作物收获后种植。它们对光周期反应敏感，早播一般不会使鲜荚上市期相应提前，因此不能提前到春季播种。无霜期 180～240 天的地区，以夏播为主，也可春播；无霜期 240～260 天的地区，以春、夏、秋均可播种。

2. 按生育期划分　鲜食大豆按照全生育期（播种至采收青荚天数）的长短将熟性分为极早熟、早熟、中早熟、中熟、中晚熟及晚熟。全生育期＜80天的为极早熟，80～90天的为早熟，90～100天的为中早熟，100～110天的为中熟，110～120天的为中晚熟，全生育期＞120天的为晚熟。在早熟、中早熟和中熟品种中，中矮生直立和半直立类型占优势；在中晚熟、晚熟品种中，蔓生匍匐类型占优势。可见，株型与熟期有一定相关性。显然，这种划分也是区域性的概念。

3. 按颜色划分　鲜食大豆的花色为紫色和白色，春大豆以白色花居多，夏、秋大豆则以紫色花为多。依种子色泽，分为黄色、青色、黑色、褐色及双色。以黄色种最普遍，如果晾晒不充分，则出现向阳的一侧黄色、背光的一侧青色。某些地方品种出现固有的青色，如大青豆等。按照豆荚上茸毛的颜色，分为白毛、红毛两种（其实白毛是灰白色，红毛是棕色），以灰白色居多。茸毛的颜色与品质有密切的关系。红毛鲜食大豆香味浓，白毛鲜食大豆鲜味足。

4. 按种子大小划分　鲜食大豆种子的大小按粮用大豆的划分标准，干籽粒的百粒重＞30克为极大粒型，24～30克为特大粒型，18～24克为大粒型，12～18克为中粒型，6～12克为小粒型，百粒重＜6克为极小粒型。鲜食大豆中，极大粒型和特大粒型种子占绝对优势。

（三）鲜食大豆的标准

1. 鲜食大豆采收标准　鲜食大豆的采收标准：播种后70～90天，豆粒已充分长大，荚壳由绿色变黄绿色，豆粒饱满尚保留绿色、四周仍带种衣时收获，即豆粒饱满、保持绿色、糖分高、品质好。出粒率45%～48%，高者58%。一般而言，开花后45天即可采收，傍晚和早晨气温较低时采收品质最佳。采收后应迅速分拣，不能堆积，最好用聚乙烯塑料袋封装后置于0℃条件下储藏保鲜，以免营养成分散失、鲜荚失色而影响品质。鲜食大豆的品质由品种特性和采收期2个主要因素决定。

2. 专用型鲜食大豆出口标准　基本标准：大荚，荚长大于4.5厘米，荚宽大于1.3厘米，鲜荚每千克不超过340个；茸毛灰白色，种脐无色，粒大。具体分为以下3个等级。

特等品（一级）：二粒荚、三粒荚在90%以上，荚的形状正常，完全色，没有虫伤和斑点。

B级品（三级）：二粒荚、三粒荚占90%以上，荚淡绿色，有10%以下的虫伤、轻微斑点，并有少许短荚和籽粒较小的荚。

A级品（二级）：介于特等品和B级品之间的二等品。

这3个等级品中不能混有黄色荚、未鼓粒荚和破粒荚，否则列为次品。

日本鲜食大豆的市场要求：豆荚4.5厘米长、1.4厘米宽、500克重的二粒荚鲜荚不超过175个，水煮3分钟后有甜味。

3. 鲜食大豆必须具有的性状特征　根据我国台湾以及日本市场对鲜食大豆品种的要求，必须具有以下性状特征：株高中等(50～60厘米)，秆强不倒伏，保证豆荚不受损伤，结荚均匀，成熟度一致，茸毛灰白色且稀疏，大荚大粒，干籽粒百粒重30克以上，鲜荚每千克不超过340个，鲜籽粒品味柔软糯香。

二、鲜食大豆的优良品种

（一）春大豆型

1. 沪宁95-1　极早熟型鲜食大豆品种，由上海市农业科学院动植物引种研究中心选育。春栽生育期80天左右，植株较矮，生长势中等，株高为35～40厘米，主茎节数8～9节，侧枝3～4个；豆荚大而饱满，荚长4～4.5厘米，荚宽1.2～1.3厘米，豆粒鲜绿色，极易烧酥，口感甜糯，品质佳，鲜荚百荚重250克左右。平均亩产鲜荚500～600千克，近年来品种出现退化现象，呈现减产严重的趋势。该品种耐寒性强，适合早春大棚栽培。

2. 春丰早　极早熟型鲜食大豆品种，由浙江农业新品种引进开发中心引入。春栽生育期80天，株高30～35厘米，主茎6～9节，分枝数3～4个，叶片卵圆形，白花、灰毛，单株结荚25～30个，荚绿色，二粒荚居多，有部分一粒荚、三粒荚，百荚鲜重230克，鲜豆百粒重68克。有限结荚习性，株型紧凑，干豆含蛋白质35.9%、脂肪16.5%。平均亩产500千克左右。该品种耐寒性强，适合早春大棚栽培。

3. 浙农17　早熟型鲜食大豆品种，由浙江省农业科学院蔬菜研究所、浙江勿忘农种业股份有限公司选育。春栽生育期平均84.3天，比对照品种沪宁95-1长4.3天。该品种为有限结荚习性，株型收敛，株高40厘米，底荚高度7.3厘米，主茎节数8.8个，有效分枝数3.2个。叶片卵圆形，叶深绿色，白花，结荚集中，镰刀形，鲜荚绿色，荚型较大，茸毛灰色。种皮浅绿色，种脐浅黄色。单株有效荚数28.7个，标准荚长5.4厘米，宽1.4厘米，每荚粒数2.0个，鲜百荚重298克，鲜百粒重78.4克，标准荚率69.6%。平均淀粉含量5.4%，可溶性总糖含量2.1%。品质品尝评分平均83.1分。经南京农业大学国家大豆改良中心2020—2021年接种鉴定，大豆花叶病毒病SC15株系最高病情指数50，为中感；SC18株系最高病情指数38，为中感。经福建省农业科学院植物保护研究所2020—2021年接种鉴定，炭疽病最高病情指数59.83，为感病。该品种耐寒性强，适合早春大棚栽培及小拱棚栽培。

4. 青酥2号　早熟型鲜食大豆品种，由上海市农业科学院动植物引种研究中心选育。春栽生育期84天左右，有限结荚习性，株高40～45厘米，分枝3～4个，节间9～11节，单株结荚较多，豆荚色泽碧绿，荚毛灰白色，二粒荚以上的荚长为5.5～6厘米，荚宽1.4～1.5厘米，鲜豆百粒重70～75克，豆粒大而饱满，色泽鲜绿，口感甜糯，风味极佳，是鲜食和速冻加工兼用品种。该品种耐寒性强，适应性广，单株荚重90克，最多可达170克，一般亩产可达500千克以上。该品种适合早春大中棚覆盖栽培及小拱棚栽培。

5. 浙农 3 号 中早熟型鲜食大豆品种，由浙江省农业科学院蔬菜研究所、浙江浙农种业有限公司联合选育。该品种生育期 92.1 天，有限结荚习性，株型收敛，株高 35 厘米，主茎节数 8.8 个，有效分枝 3.1 个。叶片卵圆形，白花，灰毛，青荚绿色、微弯镰形。单株有效荚数 19.1 个，标准荚长 6.2 厘米，宽 1.4 厘米，每荚粒数 2 粒，百荚鲜重 300.4 克，鲜百粒重 83.8 克。经农业农村部农产品质量监督检验测试中心检测，可溶性总糖含量 3.47%，淀粉含量 2.99%，口感香甜柔糯，品质优。经南京农业大学国家大豆改良中心接种鉴定，抗大豆花叶病毒病 SC3 株系，中感 SC7 株系，感 SC15 株系，中感 SC18 株系。平均亩产 600 千克左右。该品种适合春季露地及小拱棚栽培。

6. 浙农 8 号 中早熟型鲜食大豆品种，由浙江省农业科学院蔬菜研究所选育。春栽生育期 90 天，有限结荚习性，株型收敛，株高 27.2 厘米，主茎节数 7.7 个，有效分枝 3.8 个。叶片卵圆形，大小中等，白花，灰毛，青荚绿色、微弯镰形。单株有效荚数 22 个，标准荚长 5.2 厘米，宽 1.3 厘米，平均每荚粒数 2.1 粒，鲜百荚重 254.2 克，鲜百粒重 70.3 克。经农业农村部农产品质量监督检验测试中心检测，淀粉含量 4.2%，可溶性总糖含量 2.3%，口感较糯，品质较优。经南京农业大学国家大豆改良中心接种鉴定，大豆花叶病毒病 SC3 株系病情指数 5.0，抗 SC3 株系；SC7 株系病情指数 27.0，中抗 SC7 株系。该品种适合春季露地及小拱棚栽培。

7. 浙农 6 号 中早熟型鲜食大豆品种，由浙江省农业科学院蔬菜研究所选育。生育期 91.4 天，有限结荚习性，株型收敛，株高 36.5 厘米，主茎节数 8.5 个，有效分枝 3.7 个。叶片卵圆形，白花，灰毛，青荚绿色、微弯镰形。单株有效荚数 20.3 个，标准荚长 6.2 厘米，宽 1.4 厘米，每荚粒数 2.0 粒，鲜百荚重 294.2 克，鲜百粒重 76.8 克。经农业农村部农产品质量监督检验测试中心检测，淀粉含量5.2%，可溶性总糖含量3.8%，口感柔糯略带甜，品质优。经南京农业大学国家大豆改良中心接种鉴定，大豆花叶病毒病SC3株系病情指数63.5，感SC3株系；SC7株系病情指数52.5，感SC7株系。该品种适合春季露地及小拱棚栽培。

8. 辽鲜1号　中早熟型鲜食大豆品种，由辽宁省农业科学院作物研究所选育。春栽生育期为95～100天，有限结荚习性，株型紧凑，株高35～50厘米，主茎12节左右，分枝多，长果枝3～4个，结荚性能好，着荚密集，荚大粒粗，色绿味香，质地糯，品质好，鲜荚成品率高。抗性强，产量高，一般亩产600～700千克。该品种适合春季露地及小拱棚栽培。

（二）夏、秋大豆型

1. 萧农秋艳　秋季鲜食大豆品种，由浙江勿忘农种业股份有限公司、杭州市萧山区农业技术推广中心选育。生育期78.8天，比对照品种衢鲜1号早1.9天。有限结荚习性。株型收敛，主茎节数11～12节，有效分枝3.1个。叶片卵圆形，紫花，灰毛，分布较密。豆荚弯镰形，鲜荚深绿色。单株有效荚27.7个，标准荚长5.5厘米、宽1.3厘米，每荚粒数1.8粒，百荚鲜重280.2克。籽粒为椭圆形，粒形较大，百粒鲜重81.7克，鲜豆口感香甜柔糯。种皮为淡绿色，种脐淡褐色，子叶黄色，幼苗茎基呈紫红色。据农业农村部农产品质量监督检验测试中心2008年和2009年检测，两年平均淀粉含量3.9%，可溶性糖含量2.63%。经南京农业大学国家大豆改良中心接种鉴定，感大豆花叶病毒病SC3株系和SC7株系。平均亩产650千克左右。该品种适合秋季露地栽培。

2. 衢鲜1号　秋季鲜干两用型大豆品种，由衢州市农业科学研究院选育。该品种丰产性较好，适当早播，有利于早上市，提高种植效益。秋播生育期80天左右，收干籽全生育期100天左右。有限结荚习性，株高43.2厘米，主茎较粗壮，主茎节间数 11.8 个，叶片椭圆形，中等大小，白花，灰毛。分枝性中等，为 1.5 个；单株结荚 22.2 个，结荚以二粒荚为主，干荚黄褐色。种皮绿色，脐淡褐色，干籽百粒重 34.6 克。该品种荚宽粒大，百荚鲜重 283.8 克，百粒鲜重 74.3 克，鲜荚翠绿色，商品性好，食味糯甜，略带香味，口感好。经浙江区域试验品质测定，含油量 17.9%，蛋白质含量 42.1%；2003 年经鲜豆品质测定，淀粉含量 2.21%，可溶性糖含量 1.42%。该品种适合秋季露地栽培。

3. 衢鲜 5 号　夏、秋季鲜食大豆品种，由衢州市农业科学研究院选育。该品种秋播（播种至采摘）生育期 80 天左右。有限结荚习性，主茎较粗壮，节数 13.1 个，叶片卵圆形，中等大小，紫花，灰毛。分枝能力较强，分枝数为 3.8 个；单株有效荚 32 个，结荚性较好，以二粒荚为主。种皮绿色，脐淡褐色。百荚鲜重 258.4 克，百粒鲜重 65.8 克，标准荚长 5.3 厘米、宽 1.3 厘米。鲜荚绿色，商品性好，食味鲜，口感好。据农业农村部农产品质量监督检验测试中心检测，平均淀粉含量 3.9%，可溶性总糖含量 2.55%。经南京农业大学国家大豆改良中心接种鉴定，中感大豆花叶病毒病 SC3 株系，感 SC7 株系。平均亩产 600 千克以上。该品种适合夏、秋季露地栽培，需适期播种（7 月 10 日至 8 月 15 日）。

第四节　鲜食大豆栽培技术

浙北地区鲜食大豆常规栽培时间一般为 3 月底至 7 月中下旬，收获季节则在 6 月中旬至 10 月底，以露地栽培为主。春季大豆往往在鼓粒或收获时遇连阴雨天气，导致田间的病虫害发生严重，影响鲜荚的商品性，市场价格低迷。为此，笔者联合部分乡镇引进、推广早熟型鲜食大豆品种，利用大棚、小拱棚栽培技术，栽培季节提前至 1 月下旬至 2 月上旬，收获季为 5 月初至 5

月下旬，避开了江南地区的梅雨季节，既可减少病虫害发生，又可改善市场上蔬菜稀少的现状，因而销售价格较高，农民经济效益可观。

一、鲜食大豆的栽培模式

为延长鲜食大豆的采摘季节，做到平衡上市，满足市场需求，浙北地区推行多种种植模式发展鲜食大豆生产。主要的栽培模式如下。

1. 实施设施栽培，提早上市 在1月下旬大棚套小拱棚播种育苗，大棚套小拱棚或中棚套小拱棚多层覆盖栽培，5月初开始采摘上市；2月上旬中棚套小拱棚播种育苗或小拱棚＋地膜直播，5月下旬开始收获。

2. 实行夏、秋季栽培 6月上旬播种，8月中旬收获；7月上旬播种，9月下旬收获；7月中下旬播种，10月中下旬至11月初收获，以弥补蔬菜秋淡。

3. 实施间作套种 利用鲜食大豆光补偿点低、耐荫性强、适应性广的特性，选择株型紧凑、生育期短的品种，早春与春玉米、春花生、薄皮甜瓜及多种蔬菜间套作，夏、秋季与玉米、花生、甘薯及其他蔬菜间套种。在基本上不影响主栽作物产量的情况下，每亩可增收鲜荚300千克左右，且成本低、效益好。

二、鲜食大豆常见茬口安排

冬甘蓝＋早春鲜食大豆、西蓝花＋早春鲜食大豆＋小白菜、黄皮洋葱＋早春鲜食大豆、大葱＋叶用萝卜＋早春鲜食大豆、蚕豆＋雪菜＋早春鲜食大豆、茎瘤芥＋鲜食大豆、春季鲜食大豆＋青花菜。

三、鲜食大豆的特早熟栽培技术

鲜食大豆幼苗期较耐低温，通过大棚、中小拱棚和地膜覆盖特早熟栽培，能使采收期提早到5月上中旬，获得较高的经济效益。

1. 品种选择 特早熟覆盖栽培以鲜荚和鲜豆仁供应市场，大棚＋小拱棚＋地膜覆盖栽培以春丰早、青酥2号早熟型鲜食大豆品种为主，春丰早、青酥2号两品种耐寒性强、荚壳薄、豆粒饱满、品质佳、出仁率高，深受种植户和消费者青睐。小拱棚＋地膜覆盖栽培以浙农3号、浙农8号、浙农6号、辽鲜1号为主。

2. 适时播种育苗 鲜食大豆特早熟栽培以育苗定植为宜，既可以提早上市，又可保证全苗，提高产量。故要及早准备好苗床，育苗最好采用大棚＋小拱棚覆盖，当棚内5厘米深土温达到12℃以上时，选冷尾暖头抢晴天播种。采用大棚＋小拱棚＋地膜多层覆盖栽培的可在1月底至2月初播种育苗，采用小拱棚＋地膜覆盖栽培的可在2月下旬至3月初播种育苗。幼苗子叶顶土后，及时揭去地膜。遇低温寒潮天气，应加强防寒保暖措施，谨防幼苗受冻害。遇连续阴雨天气，及时疏通棚四周排水沟，防止涝害。当苗床内气温达到25℃以上时，要适当通风换气，保持气温在20～25℃范围内，以免幼苗徒长。

3. 施足基肥，及早覆棚 早春多雨水，宜抢晴天及早整地，于播种前10天每亩施腐熟有机肥2 000千克、过磷酸钙40千克或三元（N∶P∶K＝15∶15∶15）含硫复合肥30千克，并进行耕翻整地，开沟作畦，要求畦面疏松、平整，“三沟”配套。一般畦宽（连沟）1.0～1.5米，沟宽30厘米，沟深20～25厘米。在施肥整地的基础上，于定植前1周每亩用除草剂48％氟乐灵乳油120毫升兑水30千克均匀喷洒于畦面，并浅耙土层，使其渗透于表土，同时覆盖拱棚和地膜，以提高地温，促进幼苗定植后及早缓苗。

4. 抢晴天合理密植，精细管理 早熟鲜食大豆植株较矮小，应合理密植，以提高产量。一般行距25厘米左右、株距18～20厘米。生长期管理主要以棚内温度管理为主，当气温达到25℃以上时，要适当通风换气，尤其是开花结荚期保持棚内日温 23～29℃、夜温 17～23℃，相对湿度 75%左右。

早熟鲜食大豆耐肥性较好，不易徒长，可在开花前追肥，每亩施尿素 10 千克，在结荚鼓粒期叶面喷施 1%尿素+0.4%磷酸二氢钾 2 次，能有效提高结荚数，促进籽粒膨大，提高产量。结荚期要求水分充足，如遇干旱天气，则结合追肥浇水，保持土壤湿润，以减少落花落荚。

鲜食大豆早熟覆盖栽培一般虫害较少，病害相对较轻，多雨年份要注意拱棚内湿度，湿度较大时需及时通风排湿。

四、鲜食大豆的早熟露地栽培技术

1. 选用良种，实行多品种合理搭配　近年来，浙北地区围绕早熟、高产、优质的目标，引进并筛选出适合不同栽培季节和栽培模式的一系列鲜食大豆品种。露地栽培以浙农系列为主，其中，浙农 6 号豆荚宽大、色泽翠绿、口感甜糯、商品性好，是目前国内糖度最高的品种。

2. 育苗技术

（1）播种时间。鲜食大豆种子发芽最适温度为 20～25℃。小拱棚+地膜覆盖栽培，播种期在 3 月上中旬；地膜覆盖栽培，播种期在 3 月下旬至 4 月上旬。

（2）育苗方式。根据浙北地区早春低温阴雨天气较多的特点，为保证大田鲜食大豆种植密度，一般采用育苗移栽为好；应根据鲜食大豆根系再生能力较弱的特点，严格掌握移栽期。一般子叶展开至第一片真叶抽生时，为最佳移栽期，一般苗龄在 20～30 天，早播苗龄相对较长。

3. 耕翻整地，深沟高畦　鲜食大豆的栽培最好不要连作，同一地块应相隔 1～2 年。鲜食大豆连作易造成氮、磷养分的单一消耗，根际及微生物分泌毒素，病虫害发生严重。合理地耕翻、整地可以改善土壤的理化性质，土壤疏松，土壤总孔隙增加，加强了土壤中好气性微生物的活动，从而促进养分分解，提高土壤肥力，使大豆根系发达，并促进地上部的生长，单株分枝和结荚数也增多；耕作层深厚疏松，使土壤透水保水能力增强，既能在干旱条件下蓄水保墒，增强抗旱能力，又能在降水时接纳大量雨水，起到良好的渗水作用。深耕还能减少虫害的发生。整地后作畦，一般为畦宽（连沟）1.3 米左右或 2.0 米宽，畦面作成微弓形，喷施辛硫磷除草剂，并覆盖好 1 米或 1.4 米宽的地膜，以提高地温。

4. 施足基肥，增施有机肥　鲜食大豆对土质要求不严，沙壤土至黏壤土均可，但以土层深厚、排水良好、富含有机质的土壤为好。酸性土壤应施石灰中和，普通土壤每亩施 5～7.5 千克石灰，可减少根部病害，促进植株生长。播种前 7～10 天深翻土地，结合整地，每亩施有机无机复合肥 100 千克，三元（N∶P∶K＝15∶15∶15）含硫复合肥 20～25 千克。稻田要适当增加，每亩用量为有机无机复合肥 100 千克、三元（N∶P∶K＝15∶15∶15）含硫复合肥 30 千克。深耕结合增施有机肥，能改善土壤的团粒结构，使土粒空气和水分在一定容积的土壤中保持适当比例，这样土壤中的养分和水分能更有效地被大豆吸收。种肥对大豆的胚根和胚轴会造成严重伤害，甚至造成有些种子不能萌发，播种时不能将化肥和种子同时播入土壤。大豆施肥后，必须保证水分供应。如果施肥后水分供应不及时，深施时会造成伤根；表面撒施时，经日晒易散，对大豆不起作用。大豆施肥必须充分考虑品种株型。对植株高大的品种，在进行大肥大水栽培时，必须适宜稀植；否则，轻者造成空秆增加，重者造成倒伏减产。

5. 适时抢种，合理密植　早熟鲜食大豆生长前期气温较低，应选择冷尾暖头抢晴天移栽。早春鲜食大豆一般植株矮小、分枝较少、株型紧凑，宜适当密植，如种植过稀，则土地利用率不高，影响产量。但不同品种和不同栽培模式有一定差异。采用大棚＋小拱棚设施栽培的，则种植密度要适当增加，以每亩 2.6 万～2.8 万株为宜，即行距 25 厘米、株距 18～20 厘米，每穴种植 2～3 株；采用小拱棚栽培的，以每亩 2.2 万～2.5 万株为宜，每穴种植 2～3 株。选择生长势较旺的品种应稀植，如种植过密，容易引起徒长，分枝数减少。一般采用宽窄行种植，每亩栽 1.5 万株左右。株距 30 厘米、行距 40 厘米，或 2 米畦宽（连沟）种植 4 行，每穴种植 2 株。在夏秋季栽培中，由于气温高、日照充足，大豆营养生长期大幅缩短，单株产量较低，必须增加密度以提高产量，一般每亩种植 2.5 万株左右。鲜食大豆间套作时的密度应视不同的主作物而定，一般在西瓜田单边或畦中间作时每亩 0.5 万株左右；在花生田畦边间作，每亩 0.75 万～1.0 万株。

6. 改进施肥技术，增加氮肥用量　鲜食大豆营养生长期短，耐肥性好，经济系数较高，必须增施氮、磷、钾肥用量，尤其是氮肥用量，能促进营养生长，以提高单株有效结荚数，从而提高产量。据肥料试验测定，每亩施 30 千克尿素，鲜食大豆产量最高，而且在此之前，鲜荚亩产随氮肥用量的增加而提高；同时，要配施磷、钾肥和硼、锌等微量元素，植株高大的品种因植株生长势较强，生长前期应适当控制氮肥，以免引起徒长。试验表明，在一般土壤肥力条件下，花期最好不施氮肥。若土壤肥力不足，花期施氮肥量也宜少，因为花期施氮肥会引起蕾、花严重脱落。结荚末期追施氮肥，可减少秕荚，大幅度提高百粒重，并可使少部分植株再现花蕾而成荚（多为一粒荚、二粒荚），提高产量 20%～40%。因为结荚末期营养生长基本停止，根系、根瘤生长速度大大降低，到鼓粒期根瘤菌固氮能力逐渐下降。鼓粒期大豆吸收的氮、磷量分别占全生育期的 60%～65%，而所需氮的绝对量是磷的 8～9 倍。因此，大豆鼓粒期常氮素供应不足。结荚末期追施氮肥，既满足大豆鼓粒的需要，又不会造成植株旺长，所以能大幅度地增加籽粒产量。缺磷地块也可将氮、磷配合追施。氮、磷的适宜比例为 9∶1。追肥后，一定要注意及时灌溉。肥料种类以复合肥较好，一般在播种前 10～15 天，每亩施三元（N：P：K=15：15：15）含硫复合肥20千克；在齐苗和第一复叶期，各追施尿素5～7.5千克；初花期追施尿素5千克和钾肥7.5～10千克；幼荚期每亩追施尿素5～7.5千克，豆荚鼓粒期叶面喷施0.4%磷酸二氢钾+1%尿素（200克磷酸二氢钾+500克尿素兑水50千克）2次，可有效提高结实率，以促进豆荚充实饱满，增加产量。

7. 加强田间综合管理 鲜食大豆根系较浅，如遇春季雨水较多引起田间积水，植株生长势减弱，易感染病害。因此，需实行深沟高畦、“三沟”配套，保证田间排水畅通。早春鲜食大豆遇低温寒潮时，应加强防寒保暖措施，当棚内气温达到25℃以上时，要及时通风换气；开花期保持棚内日温23～29℃、夜温17～23℃，相对湿度75%左右。开花结荚期，要求水分充足，应勤浇水，保持土壤湿润。

8. 实行轮作换茬，综合防治病虫草害 鲜食大豆的栽培最好不要连作，同一田块应相隔1～2年，实行水旱轮作，采用异地繁育的种子，可有效地控制地下害虫和土传、种传病害。早熟鲜食大豆苗期主要有以蜗牛和小地老虎为主的地下害虫，以蚜虫为主的吸汁性害虫，以小道虫、银纹夜蛾、斜纹夜蛾、毒蛾等为主的食叶性害虫，以豆荚螟为主的蛀食性害虫。病害主要有根腐病、霜霉病、白粉病、锈病等。化学除草：播前1～2天每亩用60%丁草胺乳油100毫升加水稀释后喷施畦面；3叶期至4叶期用吡氟氯禾灵加水稀释后喷施，部分双子叶杂草可结合开沟培土清除。

9. 适时采收，保证质量 为了保证鲜食大豆的品质，一般应掌握在豆荚饱满、豆荚色泽青绿时采收。过早采收，豆荚瘦，产量低；过迟采收，则造成豆荚发黄，失去商品价值。用于速冻加工的鲜食大豆一般在八成熟时采收。采收期在6月中旬至7月上旬的鲜食大豆，由于气温较高，宜在4：00—5：00开始采摘，至10：00结束，并将采摘后的大豆放置在阴凉处，上面覆盖一层干净的大豆植株，避免阳光直射。

五、鲜食大豆秋季栽培技术

1. 品种选择　一般选择萧农秋艳、衢鲜1号、衢鲜5号等适合当地的鲜食或者干鲜两用型品种。

2. 整地播种　秋季鲜食大豆以直播为主。需留一部分种子育苗以补缺空。前茬收获后要及时翻耕土地，抢墒播种，一般选择雨后播种，如遇连续高温干旱，则应在播种前浇水，一般在前1天傍晚浇透水，第二天清晨播种，或是在种植沟中浇透水后播种。每亩用种量为5～6千克。

播种出苗后应及早补苗，补苗后如土壤较干旱，还应适当浇水保苗。同时，应间苗、定苗，拔除小苗、病苗。

3. 中耕培土　早秋多雷阵雨，表土易板结，杂草长得较快，需及时中耕除草，适量培土，促进前期营养生长。

4. 肥水管理　由于秋季鲜食大豆生长期间气温较高，植株生长快，易徒长，因此要适当控制氮肥用量，苗期以磷、钾肥为主。一般每亩施尿素3千克、磷肥25千克、钾肥10千克；开花结荚期每亩施尿素10千克、钾肥5～8千克。施肥可结合中耕或浇水进行，施肥方法宜采用穴施、畦中间开沟施或浇施，不宜撒施，以避免尿素等肥料烧叶。鼓粒期仍需大量营养，大豆叶片吸收养分能力强，对氮、磷、钾及微量元素均能吸收，可进行根外追肥，肥效快，用量省，且能克服干旱时根部追肥不易见效的缺点。一般以0.3%尿素和0.2%磷酸二氢钾喷施叶面。

开花结荚期遇干旱，应及时浇水，否则易落花落荚，浇水宜在傍晚进行；如遇暴雨，要及时开沟排水，防止涝渍。

5. 病虫害防治　苗期要注意防治小地老虎等地下害虫以及蚜虫，结荚期及时防治豆荚螟、斜纹夜蛾等害虫。

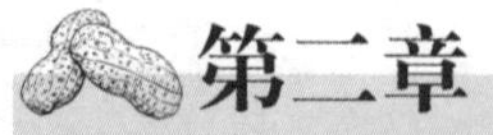

第二章

鲜食花生

第一节　鲜食花生的历史与发展

花生为豆科蝶形花亚科合萌族柱花草亚族花生属草本植物，别名落花生、长生果、长果、番豆等，历史上曾有落地松、万寿果和千岁子等名称的记载。茎直立或匍匐，长30～80厘米，翼瓣与龙骨瓣分离，荚果长2～5厘米，宽1～1.3厘米，膨胀，荚厚，花果期6—8月。花生属（*Arachis*）原产于南美洲，由一大批二倍体种（$2n=20$）和少量四倍体（$2n=40$）组成。开花后形成果针入土结果，是花生属植物区别于其他植物的根本特征。栽培种花生（*Arachis hypogaea* Linn.）为异源四倍体，是由二倍体野生种杂交演化而来，是花生属中唯一具有经济价值并被广泛种植的物种。

一、鲜食花生的栽培历史

关于我国花生栽培历史，学术界的认识和看法不一。有人认为，我国是花生起源地之一，但缺少令人信服的佐证。多数学者认为，花生引入我国有500～1 000年的历史。据古书记载，元朝时期，贾铭在《饮食须知》中有“落花生，味甘、微苦、性平，形如香芋，小儿多食，滞气难消……”的记载。进入明朝时，贾铭已近百岁，据此推断该书的成书年代在14世纪中期，而所摘引材料的来源则应更早于成书年代。明朝时期，蓝茂所著的《滇南本草》中也有关于花生的记载，这部书的成书年代约在15世纪中期。清朝时期，檀萃于1799年所撰写的《滇海虞衡志》中有“落花生为南果中第一……宋元间，棉花、香瓜、红薯之类从海上诸国得其种归种之……”说明我国于宋、元年间，即公元1000年左右已有花生栽培，而且是与甘薯等作物同时从南洋诸岛国得来的。唐朝时期，段成式撰写的《酉阳杂俎》成书于公元1000年以前，其中载有“又有一种形如香芋，蔓生……花开亦落土结子曰香芋，亦名花生”的描述。清朝时期，赵学敏于1765年撰写的《本草纲目拾遗》中，对落花生有较详尽的考证，且书中引用了《酉阳杂俎》一书有关花生的叙述。从以上古书的记载来看，在唐朝我国已有花生栽培。18世纪末，花生已传遍我国沿海各地及江西、云南等省份。据《中国实业志》所述“1832年，英国安莫哈司特氏，盛称花生宜于中国栽培，唤起一般人士之注意，于是山东、河北、河南等省，群相试种。”《中国之落花生》一文所述“中国花生之种植，始于1600年左右，其初仅限于南方闽粤诸省，后渐移植于长江一带，其在北方则自1800年后栽培始盛。”可以推测，18世纪末至19世纪初，山东、河北等省份也开始栽培花生。

二、鲜食花生生产的发展

我国花生大面积栽培始于19世纪末。在此之前，种植面积较少，发展缓慢。19世纪末，随着花生榨油业的兴起、商品化生产的发展以及普通型大花生的传入，花生栽培面积迅速扩大。到20世纪初，英文版《海关贸易十年报告》一文中提到“为榨油而种植的花生输出，已经从9.5万担上升到1911年的79.7万担”。另据《中国经济杂志》所言，当时由于花生种植面积的扩大，山东花生种植不得不挤占了小麦、大豆、高粱等作物的种植面积。山东烟台农民从花生得到的利益，据说比其他任何作物都多，用于生产花生的土地面积增加很快，从1900年占农作物种植面积的4%，增加到1924年的32%。表明我国花生栽培从19世纪末到20世纪初发展相当迅速。据山东、河北、河南、江苏、湖南、湖北6省16个花生产区统计，在1900—1925年，花生播种面积由占耕地面积的4%增加到25%，其中1924年高达30%。20世纪20年代，我国花生种植面积已近600万亩，到新中国成立初期，全国花生种植面积为1 881.6万亩，平均亩产67.4千克，总产量126.819万吨。新中国成立后，我国花生生产得以迅速发展，20世纪50年代，花生种植面积年平均3 000万亩以上，平均亩产82千克。1956年，种植面积达3 879.15万亩，平均亩产86千克，总产量333.6万吨。20世纪60—70年代，花生种植面积减少，产量降低，直到1977年，年种植面积一般为2 500万～2 700万亩，平均亩产70～80千克。进入80年代，由于改革开放，花生生产形势向好，1980—1984年，年种植面积多在3 500万亩以上，平均亩产超过100千克；1985—1989年，年种植面积增加到4 500万亩以上，平均亩产超过120千克，其中1987年播种面积4 533万亩，平均亩产136.1千克，总产量616.97万吨，单产比1949年翻了一番多，总产量翻了两番多。20世纪90年代，全国花生年均种植面积达到5 598.15万亩，平均亩产达到174.46千克，年均总产量达到976.65万吨，比80年代分别增加了33.6%、39.8%和88.6%。特别是1996—2000年的5年，全国花生种植面积年均6 150.24万亩，亩产190.3千克，总产量1 170.39万吨。进入21世纪，我国花生种植面积和产量水平又有较大幅度的增加。2001年种植面积为6 946.5万亩，亩产达到209.17千克，总产量达到1 458.3万吨；2005年种植面积为7 305万亩，亩产维持在200千克左右，总产量达到1 464.0万吨。2020年我国花生种植面积为7 096.25万亩，总产量达到1 892.76万吨。目前，我国花生种植主要分布在华东、华南、华北和华中地区，河南和山东是我国最大的两个花生种植省。2020年，河南花生种植面积为1 892.76万亩，总产量达到 594.93 万吨。

第二节　鲜食花生的生长特性

一、花生的生物学特性

花生属无限开花结实的作物，生育期很长。一般早熟种 100～130 天，中熟种 135～150 天，晚熟种 150 天以上。花生的整个生育期可分为 3 个生长阶段、5 个生育期。各生育期都需要一定的环境条件。

（一）营养生长阶段

主要包括种子发芽出苗期和幼苗期两个生育期，是以种子发芽出苗和幼苗生根发棵长叶进行营养器官生长为主的阶段。

1. 种子发芽出苗期　从播种至 50%的幼苗出土，主茎 2 片真叶展现，为发芽出苗期。在正常条件下，春播早熟种需 10～15 天，中晚熟种需 12～18 天；夏播和秋播需 4～10 天。

（1）发芽出苗进程。花生播种后，种子首先吸水膨胀，内部养分代谢活动增强，胚根随即突破种皮露出嫩白的根尖，称为种子“露白”。当胚根向下延伸到 1 厘米左右时，胚轴便迅速向上伸长，将子叶（种子瓣）和胚芽推向地表，称为“顶土”。随着胚芽增长，种皮破裂，子叶张开。当主茎伸长并有 2 片真叶展开时，称为“出苗”。花生出苗时，2 片子叶一般不完全出土。因为种子顶土时，阳光从土缝间照射到子叶节上，打破了黑暗条件，分生组织细胞就停止分裂增生，胚轴就不能继续伸长，子叶不能被推出地面。在播种浅以及温度、水分条件适宜的情况下，子叶可露出地面一部分。所以，花生是子叶半出土作物。这就是栽培上“清棵蹲苗”的依据之一。

（2）对环境条件的要求。

①温度。花生种子发芽最适温度为 25～37℃，低于 10℃或高于 46℃，有些品种就不能发芽。花生春播要求 5 厘米播种层

平均地温的最低适温：早熟品种稳定在12℃以上，中晚熟品种稳定在15℃以上。

②水分。花生播种时需要的适墒是土壤含水量占田间最大持水量（沙土为16%～20%，壤土为25%～30%）的50%～60%，高于70%或低于40%，花生都不能正常发芽出苗。所以，北方花生产区播前要耙耢保墒和提墒造墒，南方花生产区多采用高畦种植。

③空气。花生种子发芽出苗期间，呼吸代谢旺盛，需氧量较多，而且需氧量随着种子发芽到出苗的进程而逐渐增多。据测定，每粒种子萌发的第一天需氧量为5.2微升，至第八天需氧量增至615微升，增加100多倍。因此，土壤水分过多，土壤板结或播种过深，引起窒息，都会造成烂种窝苗，从而影响全苗壮苗。在生产上，采取播前浅耕细耙保墒、播后遇大雨排水划锄松土措施，都是为了创造花生种子发芽出苗所需要的良好通气条件。

2. 幼苗期 自50%的幼苗出土、展现2片真叶至10%的苗株始现花、主茎有7～8片真叶的这一段时间为幼苗期。在正常条件下，早熟品种为20～25天，中晚熟品种为25～30天。

（1）生育进程。

①根系的生长发育。花生出苗前胚根向地下伸展长成主根，长5～10厘米，并呈“十”字形萌发出主要侧根。出苗后4片真叶展现时，主根伸长到40厘米，上部4列侧根水平伸展已达30厘米。幼苗始花、主茎展现7～8片真叶时，主根伸长约80厘米，主、侧根基部增生肉眼可见的根瘤。主要侧根由水平伸展转向地下垂直伸展，并大量分生根毛，形成一个强大的圆锥根系，具备了大量吸收土壤水分和养料的能力。

②茎枝和叶片的生长发育。花生顶土后，主茎长到1～2厘米时，第一至第三片真叶相继展现；第三片真叶展现时，第一对侧枝分生；第五、第六片真叶展现时，第三、第四对侧枝分生。

第一对侧枝长度与主茎高度相等，这时俗称“团棵”。这5个茎枝生长是否壮而不旺是决定以后能否高产的基础。主茎展现7～8片真叶时，第五对侧枝分生，第一对侧枝高于主茎，基部节位始现花。

（2）对环境条件的要求。

①温度。花生幼苗期最适宜茎枝分生发展和叶片增长的气温为20～22℃。平均气温超过25℃，可使苗期缩短，茎枝徒长，基节拉长，不利于蹲苗。平均气温低于19℃，茎枝分生缓慢，花芽分化慢，始花期推迟，形成“小老苗”。

②水分。幼苗期植株需水量最少，约占全期总量的3.4%。这时最适宜的土壤含水量为田间最大持水量的45%～55%，低于田间最大持水量的35%，新叶不展现，花芽分化受抑制，始花期推迟；高于田间最大持水量的65%，易引起茎枝徒长、基节拉长，根系发育慢、扎得浅，不利于花器官的形成。

③光照。每天最适日照时数为8～10小时。日照时数多于10小时，茎枝徒长，花期推迟；少于6小时，茎枝生长迟缓，花期提前。花生要求光照度变幅较大，最适光照度为5.1万勒克斯/米^2，小于1.02万勒克斯/米^{2}或大于8.2万勒克斯/米^{2}都影响叶片光合效率。

（二）营养生长和生殖生长阶段

花生处在发棵长叶和开花结果的最盛期，也是营养器官和生殖器官并行生长的阶段。包括开花下针期和结荚期。

1. 开花下针期　自10%的苗株始花至10%的苗株始现定形果，即主茎展现12～14片真叶的这一段时间为开花下针期。早熟品种需20～25天，中晚熟品种需25～30天。

（1）生育进程。根系迅速增粗增重，大批的有效根瘤形成并发育，根瘤菌的固氮能力迅速增强，并开始对花生供应大量氮素营养。第一、二对侧枝上陆续分生二次枝，并迅速生长。主茎展现的真叶增加至12～14片，叶片加大，叶色转淡，光合作用增强。第一对侧枝8节以内的有效花芽全部开放，单株开花数达最高峰，开花量占全株总花量的50%以上，并约有50%的前期花形成了果针，20%的果针入土膨大为幼果，10%苗株的幼果形成定形果。

（2）对环境条件的要求。

①温度。此期最适宜的日平均气温为22～28℃。低于20℃或高于30℃，开花量明显降低；低于18℃或高于35℃，花粉粒不能发芽，花粉管不伸长，胚珠不能受精或受精不完全，叶片的光合效率显著降低。

②水分。需水量逐渐增多，耗水量占全期耗水量的21.8%。最适宜的土壤水分为0～30厘米土层的含水量占田间最大持水量的60%～70%，根系和茎枝得以正常生长，开花增多。如遇伏前旱，土壤含水量低于田间最大持水量的40%，叶片停止增长，果针伸展缓慢，茎枝基部节位的果针也因土壤硬结不能入土，入土的果针也停止膨大。如果土壤含水量多于田间最大持水量的80%，茎枝徒长，由于土壤孔隙中的空气减少而窒息，造成烂针、烂果，根瘤的增生和固氮活动锐减。空气相对湿度对开花下针也有很大影响，当空气相对湿度达100%时，果针日平均伸长量为0.62～0.93厘米；空气相对湿度降至60%时，果针日平均伸长量仅为0.2厘米；空气相对湿度低于50%，花粉粒干枯，受精率明显降低。

③光照。最适日照时数为6～8小时，每天光照少于5小时或多于9小时，开花量都会降低。花对光照度更为敏感，早晨或阴雨天光照度低于815勒克斯/米^2，开花时间推迟；光照度在2.1万～6.2万勒克斯/米^{2}的幅度内，叶片的光合效率随光照度增加而提高；大于6.2万勒克斯/米^2，光合效率有所降低。

2. 结荚期　自10%的苗株始现定形果至10%的植株始现饱果、主茎展现16～20片真叶为结荚期。早熟品种收鲜果需20～25天，中晚熟品种需25～35天。

（1）结荚期的生育特性。此期为花生营养生长和生殖生长的最盛期，生殖生长和营养生长并行。根系的增长量和根瘤的增生及固氮活动、主茎和侧枝的生长量及各对分枝的分生、叶片的增长量均达高峰。在正常条件下，前期有效花形成的幼果多数能结为荚果，约10%的定形果籽粒充实为饱果。此期所形成的荚果占单株总果数的80%以上，果重增长量占总重量的40%～50%。此期需要的适温为25～33℃，结实土层适温为26～34℃，低于20℃或高于40℃对荚果的形成、发育都有一定的影响。

花生的结荚具有明显的不一致性。具体表现在：①结荚时间不一致，有早有迟，早入土的果针早结荚，迟入土的果针迟结荚。因此，在收获时，成熟荚果和非成熟荚果共存，成熟度很不一致。②荚果质量不一致，收获时荚果中有饱果、秕果、幼果，有双仁果、单仁果、多仁果，有大果、中果、小果。因此，果与果之间的含油率、蛋白质含量、果重等差异很大。如何克服结荚的不一致性，提高整齐度，是花生高产、稳产、优质栽培的重要研究课题。在实际生产中，覆盖地膜一方面能起到保水作用，有利于出苗和齐苗；另一方面，可提高鲜荚果的一致性，使鲜食花生获得高产。

（2）花生结荚对环境条件的要求。花生是地上开花、地下结荚的作物，荚果发育对环境条件有特殊的要求。据许运天（1952）盆栽试验和国内外其他研究表明，花生荚果发育需要的条件主要有黑暗、机械刺激、水分、氧气、温度、结荚层的矿质营养以及有机营养供应等。

①黑暗。黑暗是花生结荚的首要条件，受精子房必须在黑暗的条件下才能膨大。在大田条件下，果针必须入土才能膨大，悬空的果针因缺少黑暗条件始终不能膨大形成荚果。即使入土的果针子房已开始膨大，但因人为措施使其露出土面后，子房便停止进一步发育，不能形成荚果。生产上，通常见到在培土前进行除草，不慎使早入土的果针或幼果露出土面，以后即使再培土将它

们埋入土中，这些果针或幼果也不能继续发育。

②机械刺激。机械刺激是荚果正常发育的必要条件之一。没有机械刺激，即使其他条件均满足，子房能膨大，荚果也不能正常发育。有试验指出，将花生果针伸入一暗室中，并定时喷洒水分和营养液，使果针处于黑暗、湿润、有空气和矿质营养等条件下，子房虽能膨大，但发育不正常。如果将果针伸入一盛有蛭石的小管中，并提供以上相同条件，荚果便能正常发育。结果表明，蛭石、土壤等机械刺激是荚果发育的条件之一。

③水分。结荚期的土壤含水量对荚果的形成和发育有重要的影响。结荚期干燥时，即使根系能吸收足够的水分，荚果也不能正常发育，荚果小或出现畸形果，产量明显下降。据报道，根部区土壤水分适宜、结荚区土壤干燥时，荚果产量和籽粒产量分别仅为结荚区湿度适宜时的32.9%和23.5%。

结荚期的土壤含水量以田间持水量的60%左右为宜；>70%，水分过多，容易烂果；<40%，荚果膨大会受到影响。

④氧气。荚果发育需要充足的氧气，如果土壤水分过多，则荚果发育缓慢，甚至出现烂果、烂柄。

⑤温度。荚果发育所需时间长短以及发育的好坏，与温度高低有密切的关系。一般认为，荚果发育的最适宜温度为25～33℃，低于20℃发育缓慢，低于15℃停止发育，但温度高于37℃，荚果的发育也受影响。据试验测定，结荚期土温保持在30.6℃时，荚果发育最快，体积最大，重量也最重；若高达38.6℃时，则荚果发育缓慢；若低于15℃时，则荚果停止发育。花生荚果发育阶段处于高温期，温度过高，不利于荚果的发育，百果重较轻。同一地方种植鲜食花生品种大四粒红，4月10日种植，百果重为529克，而在6月26日种植，百果重则只有466克。在单位面积的饱果率同样为65%的情况下收获，春季种植的单产比夏季种植的高50.28%。

⑥矿质营养。结荚期是花生对矿质营养吸收最旺盛的时期。

其中，吸收的N占全生育期的23.7%～53.8%，P_2O_5占全生育期的15.5%～64.7%，K_2O占全生育期的12.4%～66.3%。吸收的养分集中供应荚果发育的需要。

除了根系能吸收养分外，果针和荚果也具有吸收矿质营养的能力。现已证明，氮、磷等大量元素可由根、茎等运向荚果，但结荚区缺乏氮或磷，对荚果发育仍有较大的影响。因此，结荚区土壤矿质养分供应状况与荚果发育有密切的关系。结荚区缺钙，不但秕果增多，而且会产生空果。钙示踪试验证明，根系吸收的钙绝大部分保留在茎叶中，运向荚果的数量很少，只有果针和幼果吸收的钙才能满足荚果发育的需要。

⑦有机营养供应状况。据广东省农业科学院试验测定，在结荚期人工剪叶，剪叶1/2时减产42%，剪叶3/4时减产65%，全部剪叶时减产73%。由此证明，碳水化合物等有机营养的供应状况对荚果的发育也有重要影响。结荚期有机营养供应不足或分配不协调是造成荚果发育不良的原因之一。保持后期绿叶不早衰和植株不徒长，是提高花生饱果率和花生产量的重要条件之一。

（三）生殖生长阶段

生殖生长阶段是荚果充实饱满，以生殖器官生长为主的阶段，也就是饱果成熟期。饱果成熟期，即自10%的苗始现饱满荚果至单株饱果指数早熟品种达80%以上，中晚熟品种达50%以上，主茎鲜叶片保持4～6片的一段时间。早熟品种为25～30天，中晚熟品种为35～40天。

此期根的活力减退，根瘤菌停止固氮活动，并随着根瘤的老化破裂而回到土壤中营腐生生活。茎枝生长停滞，绿叶变为黄绿色，中下部叶片大量脱落，落叶率占总叶片的60%～70%，有30%～40%绿色叶片行使光合功能，维持植物体生命，加快营养器官的光合产物向荚果转移的速率，荚果重量急剧增加。

此期平均气温低于20℃，地上部茎枝易枯衰，叶片易脱落，光合产物向荚果转移的功能期缩短；结实层平均地温低于18℃，荚果就停止发育。如果温度高于上述界限，营养体功能期延长，荚果产量显著增高。此期根系的吸收力减退，蒸腾量和耗水量明显减少，其耗水量约占全生长期总量的18.7%。此外，荚果充实饱满需要良好的通气条件。因此，最适宜的土壤含水量为田间最大持水量的40%～50%。如果高于田间最大持水量的60%，荚果籽仁充实减慢；如果低于田间最大持水量的40%，根系易受损，叶片早脱落，茎枝易枯萎，影响荚果的正常成熟。花生荚果的发育过程可分为两个阶段，即荚果膨大阶段和荚果充实阶段。

1. 荚果膨大阶段 从形成鸡头状幼果至荚果大小基本定形的这段时间为荚果膨大阶段。主要表现为荚果体积急剧增大，荚果基本定形，但荚果的含水量多，内含物多为可溶性糖，油分很少，果壳木质化程度低，前室网纹化不明显，荚壳光滑、白色，果仁尚无经济价值。据观察，珍珠豆型品种果针入土后4～5天，即形成鸡头状幼果；果针入土后6～20天，荚果体积增大最快；果针入土20天后，荚果大小已基本定形。

2. 荚果充实阶段 从荚果大小基本定形至干重基本停止增长的这段时间为荚果充实阶段。主要表现为荚果干重（主要是种子干重）迅速增加，糖分减少，含油量显著提高，外观上果壳也逐新变厚、变硬，网纹明显，种皮逐渐变薄，显现出品种本色。珍珠豆型品种从果针入土20天后开始至果针入土50～60天停止，这段时间为荚果充实阶段。

饱果成熟期对环境条件的要求同结荚期。

二、花生器官的形成与发育

（一）种子

花生的种子，通常称为花生仁或花生米。各品种成熟的种子外形大体有三角形、桃形、圆锥形和椭圆形4种。种子的大小在品种之间也有很大差异，通常以百仁饱满种子重量为标准，分为大粒种、中粒种和小粒种。百仁重80克以上的为大粒种，50～

80克的为中粒种，50克以下的为小粒种。但同一品种、同一株上的荚果因坐果先后不同，种子所处位置不同，其大小也不一样。一般双室荚果中，前室种子（先豆）发育晚，粒小而轻；后室种子（基豆）发育早，粒大而重。

种子由种皮、子叶、胚3个部分组成。种皮有紫色、紫红色、褐红色、白色、桃红色及粉红色等，包在种子最外边，主要起保护作用。包在种皮里面的是2片乳白色肥厚的子叶，也称种子瓣，储藏着供胚发芽出苗形成植物体所需的脂肪、蛋白质和糖类等养分，种子瓣的重量占种子重量的90%以上。胚又分为胚根、胚芽、胚轴3个部分。胚根，象牙白色，突出于2片子叶之外，呈短喙状，是生长主根的部分。胚芽，蜡黄色，由1个主芽和2个侧芽组成，是以后长成主茎和分枝的部分。胚根上端和胚芽下端为粗壮的胚轴，种子发芽后将子叶和胚芽推向地面的胚轴上部，称为根颈。

（二）根

1. 根的构成与功能　花生的根系为圆锥根系，由主根、侧根和很多次生细根组成。根的构造由外向内分为表皮、皮层薄壁细胞、内皮层、维管束鞘、初生韧皮部和初生木质部等。主根有4列维管束，呈“十”字形排列，侧根有2～3列维管束，与主根维管束相连，组成输导系统。

根的功能主要是吸收、输导水分和养分以及支撑固定植株，并合成氨基酸、植物激素等物质。根系从土中吸收水分和无机盐养分并输送到地上部各器官，又将叶片合成的光合产物下送到根系各部，供应生长需要。

2. 根瘤和根瘤菌

（1）根瘤的形态与识别。花生根部长着许多圆形凸出的瘤，称为“根瘤”。着生在根颈和主侧根基部的根瘤较大，固氮能力较强，着生在侧根和次生细根上的根瘤较小，固氮能力较弱；内含微绿色和黑色汁液的根瘤为老根瘤，已失去固氮能力。

（2）根的形成和发育。花生出苗后，根系分泌对土壤根瘤菌有吸引力的半乳糖、糖醛酸和苹果酸等物质，使根瘤聚集到根毛附近，从根毛的尖端侵入内部。根皮层深处的细胞因受根瘤菌分泌物的刺激而加速分裂，逐步形成肉眼可见的根瘤，根瘤菌在根瘤内生活繁殖。

（三）茎和分枝

1. 主茎的形态构造和功能 种子发芽出土后，胚轴上的顶芽长成主茎，直立生长，幼时为圆柱状，中间有髓；生长中后期，主茎中上部变成棱角状，下部木质化，全茎中空。茎节在群体条件下有 15～25 个，基部节间较短，中部较长，上部较短。主茎高度在正常栽培条件下一般为 40～50 厘米，但茎节数和高度常因品种、土壤肥力和气候条件的不同而有很大差异。茎通常为绿色，有的品种部分带淡紫红色。茎枝上有茸毛，茸毛多少因品种而异。早熟品种的主茎可直接着生荚果，晚熟品种主茎不直接着生荚果。茎由表皮、皮层、韧皮部、形成层、木质部及髓组成。茎的表皮上有气孔，表皮下层为厚角细胞，在厚角细胞下为皮层，皮层内为棱角状的维管柱，维管柱内有 20～40 个外韧维管束，各维管束被宽度不等的线所隔开，每一维管束内有韧皮部、形成层和木质部。

主茎主要起输导水分、养分和支撑植株体的作用。根部吸收的水分、无机盐养分和叶片制造的有机养料，都要通过茎部向上或向下运输。叶片靠茎的支撑才能适当地分布在空间中接收阳光，进行光合作用。

2. 枝的分生 种子发芽出土后，主茎有 1 片真叶展现时，着生在 2 片子叶叶腋内的 2 个侧芽紧贴子叶节对生，长成第一、第二个分枝，习惯上称为第一对侧枝。主茎 4～5 片真叶展现时，主茎上第一、第二片真叶的叶腋里互生出第三、第四个分枝。由于主茎第一、第二片真叶互生节很短，第三、第四条分枝分生后就像对生一样，因此习惯上称为第二对侧枝。主茎第七、第八片真叶展现时，第三、第四片真叶叶腋里分生出第五、第六个分枝，习惯上称为第三对侧枝（在大田群体条件下有时只分生 5 条）。花生是多次分枝的作物，为了加以区别，通常把主茎上分生出的枝称为第一次分枝；第一次分枝上分生出的枝称为第二次分枝；依此类推，多者可分生 5 次枝以上。花生不论分枝多少，开花结果主要集中在第一、第二对一次枝和这 2 对侧枝上的二、三次枝上。因此，分枝过多，特别是后生的分枝过多，在种植上实际意义不大。

花生分枝的多少与品种有关。大体有 2 种分枝型：一是植株发生分枝 2 次以上的品种，单株总分枝数多于 10 条的为密枝型，如花育 24、四粒红等；二是植株很少发生二次分枝的品种，单株总分枝数 10 条以下的为疏枝型，如花育 19、花育 20、花育 25、花育 26、大四粒红等。

按照花生侧枝生长形态、主茎与侧枝长短比例、主茎与侧枝所成角度，分为 3 种株型。

（1）蔓生型（又称爬蔓型、匍匐型）。开花下针期以前，侧枝贴地平行生长，与主茎约呈 90°角。至最远结实节位以上的侧枝尖端又向上直起生长，其直起部分与地面约呈 60°角，其长度不及匍匐部分的 1/2。株型指数（即侧枝长/主茎高）在 2 以上。

（2）半立蔓型（又称半匍匐型）。花生生长前期，第一对侧枝斜生与主茎约呈 85°角，至最远结实节位处再向上辗转直起生长，与地面约呈 60°角。直起生长部分约占侧枝总长的 3/5。株型指数为 1.3～1.5。

（3）立蔓型（又称直立型）。花生生育前期第一对侧枝斜生，与主茎约呈 70°角，至侧枝基部最远结实节位处向上辗转直起生长，与地面约呈 60°角。辗转直起部分约占侧枝总长的 3/4。株型指数为 1～1.2。

（四）叶

花生的真叶为羽状复叶，由叶片、叶柄和托叶 3 个部分组成。

1. 叶片 在茎枝上均为互生。每片复叶一般由 4 个小叶组成，但也有少于 3 个和多于 5 个的畸形复叶。4 个小叶两两对生在叶柄上部，小叶的形状有椭圆形、倒卵圆形、长椭圆形和宽倒卵圆形 4 种。

花生叶片由上表皮、下表皮、栅栏组织、海绵组织、叶脉维管束及大型储水细胞组成。上表皮的皮层有角质层，上表皮下有 1～4 层很疏松的栅栏细胞，以下为海绵组织。在下表皮细胞与海绵组织之间有一层大型薄壁细胞，称为储水细胞。大、小叶脉为维管束所组成。上、下表皮都有气孔，每平方毫米有 150～245 个。它的主要功能是在花生生育期间用来调温和吸收二氧化碳进行光合作用。

2. 叶柄 花生的叶柄细长，一般为 2～10 厘米。叶柄上生有茸毛，其多少与品种、干湿环境条件和叶片出生时间有关。叶柄的上面有一纵沟，由先端通达基部，基部膨大部分称为叶枕（或称为叶褥）。小叶的叶柄很短，基部也有叶枕。叶枕由表皮、皮层、维管束和髓等部分组成。

3. 托叶 叶柄基部有 2 片托叶，托叶的下部与叶柄基部相连，它的形状因品种而异，可作为品种鉴别的标志之一。

（五）花

花生在主茎和侧枝各节上着生花序和分枝的类型有 2 种。一种是主茎节上不长花序，侧枝基部第一至第三节或第一、第二节上只长分枝，不长花序，以后的第四至第六节或第二、第三节上不长分枝，只长花序，然后又有几个节只长分枝不长花序。如此交替着生分枝和花序的，称为交替开花型，也称交替分枝型，如山东的花育 22 和四川的天府 15 等品种就是这种开花分枝型。另一种是主茎节上和侧枝节上不管是否发生分枝都着生花序的，称为连续开花型，也称连续分枝型，如丰花 2 号、花育 20 就是这种开花分枝型。

花生的花为蝶形花。因一朵花内有雄蕊也有雌蕊，所以也称

“两性完全花”。花冠黄色，子房上位着生在叶腋间。整个花器由苞片、花萼、花冠、雄蕊和雌蕊等组成。

1. 苞片　2片苞叶生在花萼管基部外侧，绿色。苞片有保护花蕾和进行光合作用的功能。

2. 花萼　苞片之内的花萼由5个萼片组成，上部4个联合，下部1个分离，浅绿色、深绿色或紫绿色。基部联合成1个细花萼管，多为淡黄绿色，有茸毛。

3. 花冠　由5片花瓣组成，外面最大的1片为旗瓣；中间2片形态狭长，像翅膀，称为翼瓣，这3片花瓣是分开生长的，开花时可以张开。里面最小的2片联合在一起，像鸟嘴，称为龙骨瓣，花蕊就在这里面。

4. 雄蕊　雄蕊是花生的雄性生殖器官。1朵花有10个雄蕊，其中2枚退化，8枚发育成花药，着生在花丝上，花丝下部联合成1个雄蕊管。这8个花药中，有4个发育健壮，呈长椭圆形；另外4个发育较慢，呈圆形。花药成熟后放出花粉粒，花粉粒为黄色。

5. 雌蕊　雌蕊是花生的雌性生殖器官，分为柱头、花柱和子房3个部分。细长的花柱从花萼管和雄蕊管中伸出，其顶端的柱头稍膨大弯曲，在其下部约3毫米处生有细毛。花柱易分泌黏液，黏着花粉，子房位于花萼基部，内有数个胚珠（植物种子的构造之一，受精后发育成种子），在子房基部有一分生组织，在开花受精后迅速伸长，形成子房柄。

（六）果针

果针由子房柄和子房2个部分组成。子房在子房柄的尖端，顶端呈针状，入土后可结成荚果，所以称为果针。果针在入土前为暗绿色略带微紫色，尖端的表皮木质化而形成帽状物，以保护子房入土。子房柄的分生区域在尖端后1.5～3毫米处，再后为伸长区。子房柄内部构造与茎相似。果针的长度，侧枝基部低节位的短些，一般在3～8厘米，侧枝中上部高节位的长些，一般在10厘米以上，个别可达20～30厘米。

果针虽是入土结实的生殖器官，但具有与根相似的吸收性能和向地里生长的特点，可以弥补根系吸收肥水的不足。

花生开花受精后，花逐渐凋谢，子房基部伸长区的分生组织细胞加速分裂，逐渐形成针状，在开花后3～5天，子房柄即可形成肉眼可见的果针。开始时，果针略呈水平方向缓慢生长，每天平均伸长2～3毫米，以后渐弯曲，基本达垂直状态时，生长速度显著加快，在正常条件下，经4～6天便可接地入土。

（七）荚果

1. 形态 花生的果实称为荚果，果壳坚硬，全身有纵横网纹，黄褐色，成熟后不自行开裂。有深浅不同的束腰，前段突出部分称为“喙”或“果嘴”。荚果的形状可分为以下几种（图2-1）。

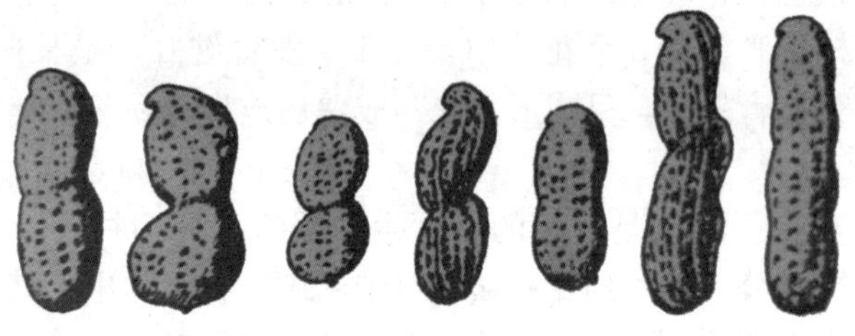

图2-1 花生荚果果形

普通形荚果有2室，束腰浅，果嘴后仰不明显。斧头形荚果多有2室，束腰深，前室平，果嘴前突，后室与前室形成一拐角。葫芦形和蜂腰形荚果多有2室，束腰深，果嘴不突出，果形像葫芦。其中有一类，束腰很深，果嘴明显，果形稍细长，即蜂腰形。蚕茧形荚果多有2室，束腰和果嘴都不明显。曲棍形荚果在3室以上，各室间有束腰，果壳背部形成几个龙骨突起，先端1室稍向内弯曲，似拐棍，果嘴突出如喙。串珠形荚果多在3室以上，各室间束腰极浅，排列像串珠。

花生荚果的大小虽与品种类型有关，但同一品种的荚果，由于气候、栽培条件、着生部位、形成先后的不同，大小、重量都有很大变化。通常按品种固有形状和正常成熟荚果的百仁重大小为标准，分为大、中、小 3 种。百仁重 80 克以上的为大果型、50～80 克的为中果型、50 克以下的为小果型。

2. 构造　花生荚果包括荚壳和种子 2 个部分。荚壳由子房壁发育而成。未成熟的新鲜果中，荚壳由表皮、中果皮、纤维层及内薄壁细胞层和下表皮等部分组成。未成熟荚果，外表带黄色，网纹不明显，荚果内薄壁细胞层的海绵体呈白色，包含 2 粒以上不饱满的种子，称为银壳果。成熟的荚果，荚壳外表发青，壳硬，网纹清楚，荚果内薄壁细胞层海绵组织由白色变为黑褐色，并有金属光泽，包含 2 粒以上的饱满种子，称为金壳果。

第三节　鲜食花生的类型与品种

一、鲜食花生的类型

按品种的特征、特性，分为普通型、珍珠豆型、多粒型、龙生型和中间型。

1. 普通型　荚果为普通形，个别为葫芦形，果嘴不明显，网纹较平滑。果型大，称为大花生。荚果一般有 2 粒种子，少数 3 粒，椭圆形，种皮为粉红色或深红色。茎枝粗壮，分枝较多，常有第三次分枝，总分枝在 20 个以上。茎枝花青素不明显，呈绿色。小叶呈倒卵形，绿色或深绿色。主茎不开花，属交替开花、分枝型。单株开花量多，在大田群体条件下，开花量 150～200 朵。春播鲜果生育期 120～160 天，种子休眠期长，在 90 天以上，要求总活动积温 2 700～3 100℃，种子发芽较慢，要求的温度较高。根据株型，分为立蔓、半立蔓和蔓生 3 个亚型。多为 1 年 1 熟或 2 年 3 熟的春花生。普通型主要是我国北方的栽培品种类型，南方种植面积很少。

2. 珍珠豆型 荚果为葫芦形和蚕茧形，果壳薄，网纹细而浅，果型中或小，一般称为小花生。荚果有2粒种子，籽仁饱满，出仁率高，一般在75%以上。种子呈桃形，种皮有光泽，多为淡红色，少数深红色。株型直立、紧凑，主茎较高，分枝较少，一般不分生或少分生二次分枝，单株总分枝数在10个以下。茎枝色浅，呈黄绿色。小叶片较大，椭圆形，浅绿色或黄绿色。主茎开花，属连续开花、分枝型，开花早，主茎7片真叶现花，花期短，花量少，单株开花量50～80朵。花芽分化早，节位低，有地下花（闭花）。生育期较短，鲜果春播一般为100～110天。要求总活动积温为2 300～2 500℃，种子发芽快，要求温度低，出苗快。种子休眠期短，一般为9～50天，甚至休眠不明显，有的品种成熟后遇旱再遇雨就在地里发芽。珍珠豆型品种由于具有早熟、株型紧凑、结果集中、粒满等特点，主要在广东、广西、福建及河南南部等地种植。

3. 多粒型 荚果为串珠形，果嘴不明显，果壳厚，网纹平滑，束腰很浅，有的地方称为“长生果”。多数果含3～4粒种子，形状不规则，略呈圆锥形、圆柱形或三角形。种皮光滑，有光泽，呈深红色或紫红色。株型直立，茎枝粗壮而高大。疏枝型，二次分枝很少，一般条件下，单株总分枝4～5个。茎枝上有茸毛，浅绿色带紫红色。小叶片，长椭圆形，多数品种浅绿色和黄绿色，叶脉较明显，连续开花，短花序，花期长，花量大，结实集中，成针率高，结实率低。生育期短，鲜果春播在100天左右，总活动积温为2 200～2 400℃，种子休眠期短，收获期在田间易发芽。主要在无霜期短的东北等地区有种植。

4. 龙生型 荚果为曲棍形或蜂腰形。有明显的果嘴和直脉突起的龙骨，所以有些地方称为“骆驼腰”或“罗锅子”。果壳薄，网纹深，皮色灰暗，果柄脆而长，收获时易落果，种在黏土地易烂果。多数荚果含3～4粒种子，种子呈三角形或圆锥形，种皮不光滑，暗红色，无光泽。交替开花，花量多，在适宜条件下，单株开花量可达上千朵。主茎上完全是营养枝，不开花。分枝性强，常有第四次分枝，在适宜条件下，单株总分枝数可达120条，侧枝长达1米以上。一般大田栽培，单株总分枝在30个左右。茎枝上茸毛较密，茎部花青素多，呈紫红色。株型多为蔓生，小叶片倒卵形或宽倒卵形，叶面和叶缘有明显的茸毛，叶色多为深绿色和灰绿色。生育期较长，一般鲜果春播生育期在140天以上，所需总活动积温为2 800～3 200℃。种子休眠期长，发芽慢，要求的温度较高（5厘米播种层平均地温稳定在15～18℃）。抗旱、抗病，防风固沙，保持水土，耐瘠性强，适于丘陵地或沙滩地种植。

5. 中间型 20世纪70年代以来，各地应用以上四大类型地方品种，采取有性杂交手段，或采取激光和原子辐射等人工诱变手段，选育出一批新品种和衍生新品种（系），成为原有四大类型品种之外的中间型新品种体系。多数品种性状优良，是当前各地生产中的当家品种。为便于区别性状，现暂划归为中间型。中间型有两大特点：一是连续开花、连续分核，开花量大，受精率高，双仁果和饱果指数高。荚果普通形或葫芦形，果型大或偏大。多双室荚果，网纹浅，种皮粉红色，出仁率高。株型直立，植株高或中等，分枝少，叶片小或中等大，侧立而色深。中熟或早熟偏晚，种子休眠性中等，鲜果生育期为110～130天。二是适应性广，丰产性好。我国黄河流域和长江流域各省份选育的高产新品种，绝大多数属于中间型。如山东的花育19、花育21、花育22、花育25、丰花1号、维花8号，江苏的徐州68-4、徐系1号、徐花5号，河南的豫花7号、豫花15，四川的天府14、天府15、天府18、天府20等，都有很强的适应性。再如海花1号和花育37等品种，在黄泛平原、黄土高原和东北高寒地区已成为大面积种植的当家品种；花育25在华北、东北地区等花生产区得以大面积推广；天府15在陕西、山西、河南、安徽等地推广。这些品种已大面积获得亩产300～500千克的好成绩，有的品种如花育19、花育22、丰花1号、丰花3号，在小面积上亩产量可达600千克甚至700千克以上。

二、鲜食花生的优良品种

目前，在生产上按花生种子大小分为大果型（大粒种）、中果型（中粒种）和小果型（小粒种）。划分标准：百仁重在80克以上的为大粒种，50～80克的为中粒种，50克以下的为小粒种。

（一）大果型花生

1. 豫花15 由河南省农业科学院经济作物研究所以徐7506-57×P12杂交选育而成。2000年通过河南省农作物品种审定委员会审定，2001年通过安徽省农作物品种审定委员会审定。植株直立，疏枝，属中间型品种。主茎高40.0厘米，侧枝长43.0厘米，总分枝7条，结果枝6条，叶片椭圆形，深绿色。荚果普通形，果嘴锐，缩缢浅，网纹一般，多为2室果，百果重234.3克左右，籽仁椭圆形，种皮粉红色，百仁重93.7克左右，出仁率71.1%，在河南麦田套作生育期115天左右。蛋白质含量25.93%，粗脂肪含量55.46%，高抗网斑病（发病为0级），中抗枯萎病、叶斑病、锈病（发病均在2级以下），耐病毒病。1998—1999年全国（北方区）生产试验，2年平均亩产荚果246.2千克、籽仁177.2千克，比鲁花9号增产13.95%和10.44%。2000年参加全国（北方区）生产试验，平均亩产荚果316.6千克、籽仁225.3千克，比对照品种分别增产12.94%和15.10%。河南麦田套作以5月20日为宜；夏直播不应晚于6月10日，越早越好，应适当加大密度，一般每亩10 000～11 000穴，每穴以2粒为宜，高肥水地块每亩可种植9 000穴左右，旱薄地或夏直播每亩可达到11 000穴左右。该品种在浙北地区作为鲜食花生口感好、产量高。生育期长，春季地膜覆盖4月中下旬播种，生育期在100天左右，亩产鲜果可达700千克左右；6月中下旬夏播，生育期90天左右，亩产鲜果550千克左右。该品种不适合早春和秋冬季三膜覆盖。

2. 豫花 25 由河南省农业科学院经济作物研究所以豫花 9414×豫花 9634 杂交选育而成。2013 年通过河南省农作物品种审定委员会审定。属直立疏枝中大果品种，夏播生育期 115 天左右。一般主茎高 42.1 厘米。侧枝长 47.4 厘米，总分枝 7 条左右，平均结果枝 5 条左右，单株饱果数 10～11 个。叶片椭圆形，浓绿色，中等大小。荚果普通形，果嘴锐，网纹粗，稍浅，平均百果重 189.5 克，籽仁圆形，种皮粉红色，平均百仁重 80.7 克，出仁率 69.0%左右。该品种中抗叶斑病、病毒病，抗网斑病、根腐病。2012 年参加河南省夏播花生生产试验，平均亩产荚果 346.19 千克、籽仁 248.93 千克，比对照品种豫花 9327 增产 7.99%和 6.98%。该品种在浙北地区作为鲜食花生口感一般、产量高。生育期长，春季地膜覆盖，4 月中下旬播种，生育期在 95 天左右，亩产鲜果可达 750 千克左右；6 月中下旬夏播，生育期 90 天左右，亩产鲜果 600 千克左右。该品种不适合早春和秋冬季三膜覆盖。

3. 豫花 9326 由河南省农业科学院经济作物研究所以豫花 7 号×郑 86036-19 杂交选育而成。属直立疏枝，生育期 130 天左右。叶片具有浓绿色、椭圆形等特点。连续开花，株高 39.6 厘米，侧枝长 42.9 厘米，总分枝 8～9 条，结果枝 7～8 条，单株结果数 10～20 个；荚果为普通形，果嘴锐，网纹粗深，籽仁椭圆形、粉红色，百果重 213.1 克，百仁重 88 克，出仁率 70%左右。2003—2004 年河南省农业科学院植物保护研究所抗性鉴定：网斑病发病级别为 0～2 级，抗网斑病（按 0～4 级标准）；叶斑病发病级别为 2～3 级，抗叶斑病（按 1～9 级标准）；锈病发病级别为 1～2 级（按 1～9 级标准），高抗锈病；病毒病发病级别为 2 级以下，抗病毒病。2002 年全国（北方区）区域试验，平均亩产荚果 301.71 千克、籽仁 211.5 千克，分别比对照品种鲁花 11 增产 5.16%和 0.92%，荚果、籽仁分别居 9 个参试品种的第二、四位；2003年继续区域试验，平均亩产荚果272.1千克、籽仁189.1千克，分别比对照品种鲁花11增产7.59%和7.43%，荚果、籽仁分别居9个参试品种的第二、三位；2004年全国（北方区）花生生产试验，平均亩产荚果308.0千克、籽仁212.8千克，分别比对照品种鲁花11增产12.7%和11.2%。该品种在浙北地区作为鲜食花生口感好、产量高。生育期长，春季地膜覆盖4月中下旬播种，生育期在100天左右，亩产鲜果可达650千克左右；6月中下旬夏播，生育期90天左右，亩产鲜果600千克左右。该品种不适合早春和秋冬季三膜覆盖。

4. 豫花9719 由河南省农业科学院经济作物研究所以豫花9号×郑8903杂交选育而成。属直立疏枝型，生育期120天左右。连续开花，一般株高46.7厘米，总分枝7.4条，结果枝6.1条，单株饱果数8.8个；荚果为普通形，果嘴钝，网纹粗、深，果腰浅，百果重261.2克；籽仁为椭圆形、粉红色，有光泽，百仁重103.5克，出仁率68%。2006年河南省农业科学院植物保护研究所鉴定：高抗病毒病（发病率10%），高抗锈病（发病级别3级），抗根腐病（发病率12%），抗网斑病（发病级别2级），中抗叶斑病（发病级别4级）。2007年河南省农业科学院植物保护研究所鉴定：高抗锈病（发病级别3级），抗病毒病（发病率21%），抗根腐病（发病率15%），抗网斑病（发病级别2级），抗叶斑病（发病级别4级）。经农业农村部农产品质量监督检验测试中心（郑州）测试，蛋白质含量25.81%、脂肪含量51.51%、油酸含量49.4%、亚油酸含量28.4%、油酸与亚油酸比值（O/L）1.74。2006年麦套区域试验，平均亩产荚果327.3千克，比对照品种豫花11增产12.4%；平均亩产籽仁222.2千克，比对照品种豫花11增产3.3%。2007年继续区域试验，平均亩产荚果286.7千克，比对照品种豫花11增产12.7%；平均亩产籽仁191.5千克，比对照品种豫花11增产9.0%。2008年河南省麦套生产试验，平均亩产荚果268.1千克，比对照品种豫花11增产10.2%；平均亩产籽仁189.1千克，比对照品种豫花11增产7.8%。麦垄套种在5月20日左右；春播在4月下旬或5月上旬。每亩10 000穴左右，每穴2粒，高肥水地可适当降低种植密度，旱薄地应适当增加种植密度。该品种适宜在河南省花生产区种植。该品种在浙北地区作为鲜食花生口感好、产量高。生育期长，春季地膜覆盖4月中下旬播种，生育期在100天左右，亩产鲜果可达650千克左右；6月中下旬夏播，生育期在90天左右，亩产鲜果600千克左右。该品种不适合早春和秋冬季三膜覆盖。

5. 花育35　由鲁花14与花选1号杂交后系统选育而成。属普通型大花生品种，荚果普通形，网纹清晰，果腰浅，籽仁椭圆形，种皮粉红色，内种皮浅黄色，连续开花。区域试验结果：春播生育期130天，主茎高45.6厘米，侧枝长49.9厘米，总分枝8条；单株结果15个，单株生产力24.6克，百果重252.2克，百仁重100.9克，千克果数503个，出仁率69.9%。2010年，经农业部油料及制品质量监督检验测试中心品质分析：蛋白质含量24.83%、脂肪含量48.53%、油酸含量41.9%、亚油酸含量35.5%、油酸与亚油酸比值（O/L）1.2。2011年经山东省花生研究所田间抗病性调查，感网斑病。在2010—2011年山东省大花生品种区域试验中，2年平均亩产荚果323.6千克、籽仁226.3千克，分别比对照品种丰花1号增产11.7%和12.0%；2012年生产试验，平均亩产荚果367.5千克、籽仁264.0千克，分别比对照品种花育25增产11.1%和8.4%。适宜密度为每亩10 000～11 000穴，每穴2粒。其他管理措施同一般大田。该品种在浙北地区作为鲜食花生口感一般、产量较高，生育期长，春季地膜覆盖4月中下旬播种，生育期在100天左右，亩产鲜果可达600千克左右。6月中下旬夏播，生育期在90天左右，亩产鲜果550千克左右。该品种不适合早春和秋冬季三膜覆盖。

6. 花育33　由山东省花生研究所以8606-26-1与9120-5杂

交后系统选育而成。属普通型大花生品种。荚果普通形，网纹较深，果腰浅，籽仁长椭圆形，种皮粉红色，内种皮橘黄色。区域试验结果：春播生育期 128 天，主茎高 47 厘米，侧枝长 50 厘米，总分枝 8 条。结果 16 个，单株生产力 20.4 克，百果重 227.3 克，百仁重 95.9 克，千克果数 544 个，千克仁数 1 166 个，出仁率 70.1%。抗病性中等。2007 年经农业部食品质量监督检验测试中心（济南）品质分析：蛋白质含量 19.1%、脂肪含量 47.3%、油酸含量 50.2%、亚油酸含量 29.2%、油酸与亚油酸比值（O/L） 1.7。2007 年经山东省花生研究所抗病性鉴定：网斑病病情指数 52.6，褐斑病病情指数 16.4。在 2007—2008 年山东省花生品种大粒组区域试验中，2 年平均亩产荚果 345.6 千克、籽仁 242.0 千克，分别比对照品种丰花 1 号增产 8.8%和 9.5%。2009 年生产试验平均亩产荚果 370.5 千克、籽仁 260.8 千克，分别比对照品种丰花 1 号增产 10.9%和 10.2%。适宜密度为每亩 10 000～11 000 穴，每穴 2 粒。其他管理措施同一般大田。该品种在浙北地区种植高产、口感一般。春季 4 月中下旬播种地膜覆盖生育期 120 天，亩产鲜果可达 800 千克；6 月中下旬夏播，生育期 105 天左右，亩产鲜果 700 千克左右。该品种不适合早春和秋冬季三膜覆盖。

7. 大四粒红　由山东花生研究所杂交选育而成，适合于各季栽培，红衣，口感甜糯，口感表现为秋冬季最好，早春次之，夏、秋季栽培条件下口感优于豫花系列花生。早春三膜覆盖 1 月底至 2 月初种植，生育期 110 天左右，亩产 650 千克左右；春季地膜覆盖条件下，生育期 90 天左右，亩产 600 千克左右；6 月中下旬夏播，生育期 85 天左右，亩产鲜果 550 千克左右。秋冬季三膜覆盖 9 月中下旬播种，生育期 100 天左右，亩产 650 千克左右。经过 2 年的试验结果显示，生育期比四粒红早 1～2 天，秋冬季生育期相差 5 天左右。主茎高 60～80 厘米，蔓生。因此，要及时化学调控，如果不进行化学调控，严重时可减产 20%以上。该品种发棵较少，不宜稀植。荚果为曲棍形，连续开花，果嘴中等，单株结果数 18 个，网纹粗，属龙生型品种。鲜果千克果数 98 个，百果重 507 克，百仁重 108 克（鲜），出仁率 72.5%，籽仁粗脂肪含量 48.93%，蛋白质含量 26.2%，油酸与亚油酸比值（O/L）1.05。籽仁为圆柱形、荚果饱满度好，仁大红色，颜色较四粒红鲜艳。荚果多粒串珠形，以 3～4 粒荚为主，抗旱性中等。休眠性较弱。早春三膜覆盖、春季两膜覆盖，最高产量可达 700 千克以上；秋冬季三膜覆盖最高产量可达 680 千克。春季当温度高于 15℃时，播种期越早，产量越高。

8. 天府 19　由四川省南充市农业科学研究所选育，2009 年通过四川省农作物品种审定委员会审定，中间型早熟大粒花生品种。株型直立，连续开花。株高 40 厘米，侧枝长 48 厘米左右。单株分枝数 9 个，结果枝 7 个左右。单株结果数 16 个，单株生产力 25 克左右。荚果普通形或斧头形，大小中等。百果重 185 克，百仁重 85 克左右。出仁率 77%左右。种子休眠性强，抗倒力强，耐旱性强，中抗叶斑病和锈病，不抗青枯病。种仁含油量 49.7%，粗蛋白质含量 24.8%，油酸与亚油酸比值（O/L）1.28。春播全生育期 130 天左右、夏播全生育期 110 天左右。2007—2008 年参加四川省花生区域试验，2 年 10 点次全部表现增产，荚果平均亩产 330.52 千克，比对照品种天府 14 增产 11.55%；种仁平均亩产 254.21 千克，比对照品种天府 14 增产 10.97%。2008 年参加四川省花生生产试验，4 个试点全部增产，荚果平均亩产 325.5 千克，比对照品种天府 14 增产 18.8%；种仁平均亩产 255.8 千克，比对照品种天府 14 增产 18.5%。天府 19 为早熟品种，以 3 月下旬至 5 月上旬播种为宜，麦套花生在小麦收获前 25～30 天播种。适合在肥力中等以上、土质疏松的田块种植。每亩 8 000～10 000 穴，双粒穴播。该品种产量一般、口感一般，浙北地区春季 4 月中下旬播种地膜覆盖生育期 95 天左右，亩产鲜果 550 千克。6 月中下旬夏播，生育期 85 天左右，亩产鲜果 450 千克左右。

9. 四粒红 四粒红又称山东大红袍。四粒红花生是吉林省松原市特有的农产品之一。通过考证，1941 年前后，吉林扶余弓棚子镇榆树村一韩姓农民从山东老家带回来一个农家花生品种，该品种果皮淡红色，入口干硬发涩。该品种果形细长、每个果 4 个果仁，果仁种皮红色，因此名为四粒红。鲜果早春生育期 110 天左右。植株较长，匍匐。荚果为曲棍形，果嘴中等，网纹粗，属龙生型品种。鲜果千克果数 130 个，百果重 372 克，百仁重 90 克；籽仁为圆柱形、大红色。以 3～4 粒荚为主。早春三膜覆盖 1 月底至 2 月初种植，生育期 110 天左右，亩产 600 千克左右；春季地膜覆盖条件下，生育期 90 天左右，亩产 550 千克左右；6 月中下旬夏播，生育期 85 天左右，亩产鲜果 500 千克左右；秋冬季三膜覆盖 9 月中下旬播种，生育期 105 天左右，亩产 600 千克左右。

10. 浙花 2 号 由浙江省农业科学院与慈溪市农业技术推广中心于 2012 年以白沙 1016 系选 9016 为母本，以远杂 9102 为父本杂交，后代采用系谱法进行选择而育成。2022 年 1 月通过国家非主要农作物登记。该品种属于早熟食用型花生新品种，以鲜食为主，疏枝直立，连续开花，叶片绿色程度中等、椭圆形，主茎高 52.84 厘米，侧枝长 57.07 厘米，总分枝 9.35 个，结果枝 8.08 个，单株饱果数 17.80 个，荚果普通形，荚果缢缩程度中等，果嘴明显程度弱，荚果表面质地中等，百果重 155.46 克，饱果率 78.89%，籽仁柱形，种皮浅红色，内种皮黄色，百仁重 104.25 克，出仁率 71.22%。该品种苗期长势较强，花期长势较强，结实性好、集中，果柄中等、粗、韧性较弱。鲜食口感好（糯、微甜），适收期中等，全生育期 116.4 天左右，抗倒性强，适宜小型农机作业。

根据农业农村部农产品及加工品质量安全监督检验测试中心（杭州）对干籽粒测定，浙花 2 号籽仁含油量 47.6%、蛋白质含量 25.2%、油酸含量 44.1%、亚油酸含量 33.4%、油酸与亚油酸比值（O/L）1.32，黄曲霉毒素未检出。适宜密度为每亩 12 000～15 000 穴，每穴播 2 粒。其他管理措施同一般大田。该品种高产、口感好，浙北地区春季 2 月中下旬大棚二膜覆盖生育期 100 天左右，亩产鲜果可达 800 千克以上。6 月中下旬夏播，生育期 90 天左右，亩产鲜果 600 千克左右。

11. 浙彩黑 5 号 由慈溪市农业技术推广中心和浙江省农业科学院在 2015 年以花育 52（母本）为母本，以黑色（紫色）种皮浙花 5 号为父本，经有性杂交系统选育而成。2022 年 12 月通过国家非主要农作物登记。该品种为普通形，用途以炒货加工为主。疏枝直立，连续开花，叶片绿色程度中等、椭圆、叶片中等，主茎高 56.69 厘米，侧枝长 61.42 厘米，总分枝 11.76 个，结果枝 8.2 个，单株饱果数 24.6 个。荚果普通形，荚果缩缢程度中等，果嘴明显程度弱，荚果表面质地中等，百果重 174.12 克，饱果率 80.69%，籽仁柱形，种皮深紫色，内种皮黄色，百仁重 85.02 克，出仁率 71.27%，夏播全生育期 120.8 天。根据农业农村部农产品及加工品质量安全监督检验测试中心（杭州）对干籽粒测定：浙彩黑 5 号籽仁含油量 46.8%、蛋白质含量 25.8%、油酸含量 82.3%、籽仁亚油酸含量 2.56%。秸秆蛋白质含量 5.68%。该品种适宜密度为每亩 10 000～12 000 穴，每穴 2 粒；苗期、花期长势较强；结实性好、集中，果柄中等、粗、韧性较弱，早熟性明显，植株半直立，适宜小型农机作业；鲜食口感好（糯、微甜）。抗倒性强。收获后的藤蔓适合牛、羊等牲畜食用，也可直接将藤蔓晒干后作青贮饲料。鲜食花生口感好。春季地膜覆盖，生育期 100 天左右，亩产 600 千克左右。

（二）中果型花生

1. 天府 18 由四川省南充市农业科学研究所选育，春播生育期 130 天左右，夏播 110 天左右。株型直立，叶片长椭圆形、绿色较深、中等大小；平均株高 39.3 厘米，单株生产力 34.7

克，荚果普通形，中等大，果嘴明显较尖锐，籽仁椭圆形，粉红色，百仁重 75.5 克，出仁率 78.8%，籽仁粗蛋白质含量 26.40%，粗脂肪含量 51.74%，油酸与亚油酸比值（O/L）2.5，抗倒伏，耐旱性较强，轻感晚斑病，中抗病毒病，不抗青枯病。种子休眠性中等。2003—2004 年参加四川省区域试验，平均亩产荚果 286.2 千克，比对照品种天府 9 号增产 9.20%。2004 年参加四川省生产试验，平均亩产荚果 320.3 千克，比对照品种天府 9 号增产 19.60%。该品种收鲜果产量不高、口感一般，浙北地区春季 4 月中下旬播种地膜覆盖生育期 95 天左右，亩产鲜果 500 千克。6 月中下旬夏播，生育期 85 天左右，亩产鲜果 400 千克左右。

2. 天府 20 由四川省南充市农业科学研究所以 836-22×933-15 杂交选育而成，2009 年通过四川省农作物品种审定委员会审定，中间型早熟中粒花生品种。株型直立，连续开花。株高 40 厘米，侧枝长 48 厘米左右。单株分枝数 11 个，结果枝 8 个左右。单株结果数 18 个，单株生产力 25 克。荚果普通形或斧头形，大小中等。百果重 180 克，百仁重 80 克左右。出仁率 75%左右。种子休眠性强，抗倒力强，耐旱性强，抗叶斑病和锈病，不抗青枯病。种仁含油量 50.9%，蛋白质含量 23.9%，油酸与亚油酸比值（O/L）1.35。春播全生育期 130 天左右、夏播全生育期 110 天左右，2007—2008 年参加四川省花生区域试验，2 年 10 点次有 9 点次表现增产，荚果平均亩产 334.12 千克，比对照品种天府 14 增产 12.76%；种仁平均亩产 248.08 千克，比对照品种天府 14 增产 8.92%。2008 年参加四川省花生生产试验，4 个试点全部增产，荚果平均亩产 330.5 千克，比对照品种天府 14 增产 20.6%；种仁平均亩产 243.6 千克，比对照品种天府 14 增产 12.9%。天府 20 为早熟品种，以 3 月下旬至 5 月上旬播种为宜，麦套花生在小麦收获前 25～30 天播种。该品种适合在肥力中等以上、土质疏松的田块种植。每亩 8 000～10 000 穴，双粒穴播。每亩施 N 5～6 千克、P_2O_5 5～6 千克、K_2O 4～7 千克。坡台地重氮轻钾、冲积潮沙土重钾轻氮。高产栽培时要施足基肥，苗期追施一定数量的速效肥。底肥要做到种肥隔离，追肥要在初花期前施用。及时防治病虫害、防除杂草。成熟后及时收获。该品种高产、口感不佳，浙北地区春季 4 月中下旬播种地膜覆盖生育期 95 天左右，亩产鲜果可达 800 千克。6 月中下旬夏播，生育期 105 天左右，亩产鲜果 700 千克左右。该品种可在浙江慈溪当作周年化生产品种。

3. 花育 26　由山东省花生研究所于 1993 年以 R1（8124-19-1×兰娜）为母本，以 ICGS11（ROBERT33-1×*A. glagrata*）为父本杂交，后代采用系谱法进行选择而育成。2007 年 3 月通过山东省农作物品种审定委员会审定。该品种属于早熟直立“旭日型”出口品种，生育期 130 天左右。疏枝型，植株直立，分枝少，生长稳健，主茎高 52.5 厘米，侧枝长 57 厘米，总分枝 8 条，单株结果数 21 个，单株生产力 18 克，荚果普通形，千克果数 905 个，千克仁数 1 911 个，百果重 151 克，百仁重 62 克，出仁率 73%；种子休眠性强，较抗叶斑病和网斑病，产量高，品质优，抗病性强。经农业农村部食品质量监督检验测试中心（济南）测试，脂肪含量 51.8%、蛋白质含量 23.5%、油酸 51.2%、亚油酸 30.4%、油酸与亚油酸比值（O/L）1.68，比白沙 1016 高 0.68 左右，是国内小花生油酸与亚油酸比值（O/L）最高的花生品种之一。2004—2005 年山东省小花生品种区域试验中，亩产荚果 297.9 千克、籽仁 216.0 千克，分别比对照品种鲁花 12 增产 17.3%和 16.6%。在 2006 年生产试验中，亩产荚果 303.5 千克、籽仁 227.8 千克，分别比对照品种鲁花 12 增产 21.4%和 23.9%。适宜密度为每亩 11 000～12 000 穴，每穴播 2 粒。其他管理措施同一般大田。该品种高产、口感一般，浙北地区春季 4 月中下旬播种地膜覆盖生育期 100 天左右，亩产鲜果可达 500 千克。6 月中下旬夏播，生育期 90 天左右，亩产鲜果 400 千克左右。

4. 豫花9327 由河南省农业科学院经济作物研究所以郑8710-11×郑86036-19杂交选育而成。属直立疏枝型，生育期110天左右，连续开花，荚果发育充分，饱果率高，茎绿色，主茎高33～40厘米，叶片椭圆形，叶灰绿色，株型直立疏枝，结果枝数6～8条，荚果类型为斧头形，前室小，后室大，果嘴略锐，网纹粗、浅，每株结果数20～30个，百果重170克，出仁率70.4%，籽仁三角形，种皮粉红色，种皮表面光滑，百仁重72克。2000年参加河南省区域试验，平均亩产荚果214.72千克、籽仁147.72千克，分别比对照品种豫花6号增产19.19%和13.94%。2001年继续区域试验，平均亩产荚果262.47千克、籽仁190.02千克，分别比对照品种豫花6号增产14.86%和11.55%。2002年生产试验，平均亩产荚果282.6千克、籽仁210.3千克，分别比对照品种豫花6号增产13.4%和11.7%。播期在6月10日以前，每亩12 000穴左右，每穴2粒，根据土壤肥力高低可适当增减。播种前施足底肥，苗期要及早追肥，生育前期及中期以促为主，花针期切忌干旱，生育后期注意养根护叶，及时收获。该品种在浙北地区作为鲜食花生口感好、产量高。生育期长，春季地膜覆盖4月中下旬播种，生育期在100天左右，亩产鲜果可达650千克左右；6月中下旬夏播，生育期在90天左右，亩产鲜果600千克左右。该品种不适合早春和秋冬季三膜覆盖。

5. 青花6号 由青岛农业大学选育而成，属珍珠豆型中花生品种。荚果蚕茧形，网纹清晰，后室大于前室，果腰不明显，籽仁桃圆形，种皮浅粉红色，内种皮白色。春播生育期121天，主茎高37厘米，侧枝长41厘米，总分枝9条；单株结果16个，单株生产力16.0克，百果重161克，百仁重67克，千克果数753个，千克仁数1 682个，出仁率75.4%；抗病性中等。2007年经农业部食品质量监督检验测试中心（济南）品质分析：蛋白质含量22.3%、脂肪含量45.9%、油酸含量40.0%、亚油酸含量34.0%、油酸与亚油酸比值（O/L）1.2。2007年经山东省花生研究所抗病性鉴定：网斑病病情指数 43.6，褐斑病病情指数 17.3。在 2007—2008 年山东省花生品种小粒组区域试验中，2 年平均亩产荚果 299.4 千克、籽仁 226.3 千克，分别比对照品种花育 20 增产 8.6%和 11.9%。2009 年生产试验，平均亩产荚果 326.0 千克、籽仁 251.9 千克，分别比对照品种花育 20 增产 11.9%和 14.7%。适宜密度为每亩 9 000～11 000 穴，每穴 2 粒；生长中后期注意防止植株徒长。其他管理措施同一般大田。鲜食花生产量较高，口感一般。春季地膜覆盖，生育期 95 天左右，亩产 600 千克左右，适合在浙江绍兴、衢州、金华一带作春季鲜食小花生利用。

（三）小果型花生

1. 远杂 9102　2002—2003 年参加湖北省花生品种区域试验，品质经农业部油料及制品质量监督检验测试中心测定，籽粒粗脂肪含量 52.89%、粗蛋白含量 27.49%。2 年区域试验平均亩产荚果 271.88 千克，比对照品种中花 4 号增产 5.37%。其中，2002 年亩产荚果 295.00 千克，比中花 4 号增产 7.21%，差异极显著；2003 年亩产荚果 248.75 千克，比中花 4 号增产 3.26%，差异显著。适宜密度为每亩 10 000～12 000 穴，每穴 2 粒。加强田间管理，生育前期及时中耕，花针期切忌干旱，生育后期注意养根护叶，及时收获。结合中耕除草，及时培土，增厚土层以利于下针结果。花针期遇旱适时轻浇润灌，忌大水漫灌。鲜食花生产量高，口感好。春季地膜覆盖，生育期 100 天，亩产 700 千克左右，适合在浙江绍兴、衢州、金华一带作春季鲜食小花生利用。

2. 小京生　小京生产于浙江省绍兴市新昌县，明清时又作为朝廷贡品，本地名为“小京生”，也称为“小红帽”，为密枝亚种的多毛变种，龙生型。以新昌县在大市聚、红旗、孟家塘、西郊一带黄土低台地生产的为最佳。侧枝长于主茎，蔓生，侧枝匍匐地面，果形小，果尖突出呈鸡嘴形，果皮淡黄色，有光泽，网眼浅而细密，果腰浅，果仁长椭圆形，种皮粉红色，多以 2 粒荚为主。百果重 133.9 克，百仁重在 50 克以下，出仁率 73.2%～

76.0%。小京生花生密度要根据土壤肥料水平而定，一般密度为每亩3 500～4 500穴，行距40～50厘米，株距35～40厘米。肥力较高时适当稀植，反之则密植。早春鲜果地膜和小拱棚两膜覆盖播种季节一般在3月中下旬；根据茬口安排，最迟的可推迟到7月下旬播种，这样同时也适于推行小京生双季嫩花生种植。鲜果的收获，一般可在小京生花生开花期后60天左右，挖取少量代表性植株进行观察，若大部分荚果的果壳已变硬，且有极少量绿籽（老果）出现，即为收获适期。具体收获日期，可从市场及消费者需求角度出发，适当偏早或偏迟。种植地域以浙江绍兴一带为主。

第四节　鲜食花生栽培技术

一、鲜食花生的栽培模式

浙北地区鲜食花生种植时间一般为4月中旬至8月上旬，收获时间为7月中下旬至10月底。为延长鲜食花生的供应时间，做到平衡上市，满足市场需求，提高农民的经济效益，浙北地区推行多种种植模式发展鲜食花生生产。主要的栽培模式如下。

（一）设施栽培

实施设施栽培，提早上市。在1月底至2月初大棚三膜覆盖（大棚外膜＋大棚内膜＋地膜）直播，4月中下旬开始收获上市；2月中旬大棚两膜覆盖（大棚外膜＋地膜）直播，5月中下旬开始收获。

（二）延秋栽培

9月上旬播种，12月中旬至翌年1月收获，采用大棚三膜（大棚外膜＋大棚内膜＋地膜）覆盖直播。

（三）间作套种

利用鲜食花生植株低矮、适应性广的特点，早春鲜食花生可与春玉米、马铃薯间作套种，秋、冬季鲜食花生可与豌豆间作套种，夏、秋季鲜食花生可与玉米、甘薯及其他蔬菜间作套种。早春大棚鲜食花生可与草莓轮作，秋、冬季大棚鲜食花生可与西瓜、番茄轮作。

二、鲜食花生的促早栽培技术

（一）鲜食花生春季特早熟栽培技术

鲜食花生春季特早熟栽培，一般采用大棚外膜、大棚内膜和地膜模式。

1. 品种选择 早春气温低，导致花生生育期延长，应选择早熟性好、耐寒性强的品种，一般选择红袍系列红衣花生品种，以大四粒红、四粒红为好。

2. 整地施肥 要获取高产必须选好地、早整地和施足基肥。要求土壤肥力充足、深沟高畦。在前一年11月底至12月初深耕25～30厘米，每亩施三元（N∶P∶K＝15∶15∶15）含硫复合肥40千克、硫酸钾10千克。若遇水稻土新垦土壤，每亩增施过磷酸钙15千克。当年1月上旬再浅耕耙实，每亩施三元（N∶P∶K＝15∶15∶15）含硫复合肥12.5千克、硫酸钾7.5千克、硼肥0.25～0.5千克，考虑到薄膜覆盖操作不便，也可在下针期追肥。

3. 种子处理 播种前半个月带壳晒种1～2天，随后剥壳，挑选籽粒饱满、无病斑种子，确保发芽率达到90%以上。播种前种子进行种衣剂拌种处理，用10克5%咯菌腈悬浮种衣剂拌3千克种仁，平铺晾干备用，不要反复揉搓，以防脱皮。

4. 种植时期和密度 一般在1月底至2月初播种，每畦宽2.4米或1.2米，种6行或3行，平均行距（连沟）40厘米。如果种3行，一般畦面平均行距30厘米（沟30厘米）；如果种6行，一般畦面宽35厘米左右。平均株距18～22厘米。由于早春气温低，花生发棵不良，一般要求密度在每亩8 000穴左右，每穴3株，用种量在15千克左右（带壳）。

5. 适时采收 春季价格跌幅较大，当饱果达到60%～70%

时，可以采收。一般从播种期开始算100天左右可以收嫩果。

6. 及时化学调控 开花下针盛期时，见苗化学调控，当植株高于30厘米时，用矮壮素化学调控，建议用50%矮壮素粉剂10克兑水50千克喷雾，或用5%烯唑醇可湿性粉剂800～1 000倍液喷雾。

（二）鲜食花生春季早熟栽培技术

鲜食花生春季早熟栽培，一般采用大棚单膜和地膜两层覆盖或小拱棚加盖地膜覆盖模式。

1. 品种选择 春季气温依然较低，应选择早熟性好、耐寒性强的品种，一般选择红袍系列红衣花生品种，以大四粒红、浙花2号、四粒红为好。

2. 整地施肥 一般在2月中下旬对土地进行翻耕，每亩施三元（N∶P∶K＝15∶15∶15）含硫复合肥40千克、硫酸钾10千克。若遇水稻土新垦土壤，每亩增施过磷酸钙15千克。3月上旬再浅耕耙实，每亩施三元（N∶P∶K＝15∶15∶15）含硫复合肥10千克、钾肥5千克、硼肥0.25～0.5千克。

3. 种子处理 播种前带壳晒种，选干燥的晴天晒种1～2天。一般在播种前1周剥籽，过早剥籽则种子容易吸水受潮、病菌感染。要精选种子，要求种子颗粒饱满、无病、无霉变。建议播种时使用种衣剂拌种。

4. 种植时期和密度 一般在3月中下旬播种，畦面整理按三膜覆盖技术要求。平均株距18～22厘米，平均行距40厘米，一般密度在每亩8 000穴左右，每穴2株，保证不少于7 000穴，用种量一般在10～12.5千克。

5. 适时采收 由于春季升温快，采收时间对商品性和价格有极大的影响，一般播种后90天左右就可以采收。

6. 及时化学调控 为夺取高产，在开花下针盛期，当植株长到30厘米时，及时做好化学调控，药品及浓度参照特早熟栽培技术。

三、鲜食花生的常规栽培技术

（一）春季地膜覆盖栽培

1. 品种选择　春季气候稳定，花生生长发育加快，生育期缩短，但温度升高也使鲜食花生口感变差，一般可选择口感较好、中熟型的品种，如花育22、花育33等品种。大四粒红花生虽然生育期短，但是口感仍优于中熟型品种，在春季地膜覆盖条件下可以种植。

2. 整地施肥　一般在2月中下旬对土地进行翻耕，每亩施三元（N∶P∶K＝15∶15∶15）含硫复合肥35千克、硫酸钾10千克。若遇水稻土新垦土壤，每亩增施过磷酸钙15千克。3月下旬再浅耕耙实，每亩施三元（N∶P∶K＝15∶15∶15）含硫复合肥10千克、钾肥5千克。

3. 种子处理　播种前带壳晒种，选干燥的晴天垫布晒种1～2天。一般在播种前1周剥籽，过早剥籽则种子容易吸水受潮、感染病菌。要精选种子，要求种子颗粒饱满、无病、无霉变。

4. 种植时期和密度　播种期一般在4月中旬至5月上旬。应根据天气进行播种，一般选择播种前连续1～2天晴天、播种后连续2天以上不下雨的天气。播种方法：开沟后直播，覆土不宜过多，一般以2～3厘米为宜。若土壤过干，在种植沟内浇透水，没有浮水后就可以播种。平均株距18～22厘米。一般密度在每亩8 000穴左右，每穴2株，要保证不少于7 000穴，用种量一般在10～12.5千克。

5. 适时采收　此时的温度急剧上升，一般播种后80～90天就可以采收。

6. 及时化学调控　为夺取高产，在开花下针盛期，当植株长到25～30厘米时，及时做好化学调控。

（二）夏秋季地膜栽培

1. 品种选择　夏秋季气温高，这一时期花生生长发育很快，生育期短，温度的急剧升高也使鲜食花生的口感变差，一般可选择口感好、产量高、生育期较长的迟熟型的粉衣花生品种，如豫花 15、豫花 9326 和豫花 9327 等品种。小京生和大四粒红品种也可在这一时期播种。

2. 整地施肥 一般在前 1 个月对土地进行翻耕，每亩施三元（N∶P∶K＝15∶15∶15）含硫复合肥 40 千克、硫酸钾 20 千克。播种前再对土壤浅耕耙实。

3. 种子处理 一般在播种前 1 周剥籽，过早剥籽则种子容易吸水受潮、病菌感染。要精选种子，要求种子颗粒饱满、无病、无霉变。

4. 种植时期和密度 播种期在 5 月中下旬至 8 月上旬。此时期播种尽量采用 3 粒下种，适当深播和密植。

5. 注意事项 夏秋季栽培也要采用地膜覆盖技术。要看天气种植，因为这段时间，特别是 6—7 月后雷阵雨较多，应尽量避开持续降雨天气，以免影响出苗。采收期宜早不宜迟。特别是 5 月中旬至 6 月中下旬，温度高、生育期短，一般 75 天左右就可上市。一般 8 月 20 日以后在浙江不建议采用地膜种植，有可能颗粒无收。这一时期要注意疮痂病的发生。

四、鲜食花生的秋延后栽培技术

鲜食花生秋延后栽培，一般采用大棚外膜，大棚内膜和地膜模式。

1. 品种选择 秋冬季气温前期高、后期低，特别是 11 月中下旬以后温度持续下降，导致花生生育期延长，应选择早熟性好、耐寒性强的品种，一般宜选择红袍系列花生品种，以大四粒红、四粒红为好。

2. 土地选择 应选择土壤肥力均匀、地势高燥的大棚地块，用深耕机深旋耕土壤 30 厘米以上。花生忌重茬，忌前作为莴苣、番茄和十字花科蔬菜，以防秋冬季病害暴发。

3. 整地施肥　一般在播种前 1 个月对土地进行翻耕，每亩施三元（N∶P∶K=15∶15∶15）含硫复合肥 50 千克、硫酸钾 20 千克、硼砂 0.5 千克。棚外开好深沟，以利于排水。播种前再对土壤浅耕耙实。

4. 种子处理　播种前半个月带壳晒种 1～2 天，随后剥壳，挑选籽粒饱满、无病斑的种子，确保发芽率在 90%以上。播种前种子进行种衣剂拌种处理，用 10 克 5%咯菌腈悬浮种衣剂拌 3 千克种仁，平铺晾干备用，不要反复揉搓，以防脱皮。

5. 种植时期和密度　播种期一般在 8 月底至 9 月中下旬。遇潮土最迟在 9 月 10—15 日播种，黄泥翘延迟至 9 月 25 日播种，若加盖小拱棚，则可延迟至 9 月底。平均株距 18～22 厘米。一般密度在每亩 8 000 穴左右，开沟播种，沟深 5 厘米左右，每穴 2～3 株，用种量一般在 12.5 千克左右。

6. 盖膜保温　内棚膜一般在最低温度低于 15℃时覆盖，厚度 0.05 毫米，10 月中旬覆盖，外棚膜在最低温度低于 10℃时覆盖，选用厚度为 0.08 毫米的无滴膜，10 月下旬覆盖。晴天棚内温度高于 20℃时，开棚通风降温。遇到低温时，可采用四膜覆盖，即再加一层小拱棚膜，以确保冬季花生植株不受冻害。

7. 合理化学调控　红袍系列花生主茎高 70～90 厘米，单株平均分枝数 4.5 个，单株有效结荚 15～20 个；花生出苗后 20 天开花下针，若第一侧枝高于 30 厘米，要化学调控处理。用 98%矮壮素粉剂 10 克兑水 50 千克喷雾，或用 5%烯唑醇可湿性粉剂 800～1 000 倍液喷雾，控上促下，提高产量。

8. 适时采收　鲜食花生秋冬季生育期一般为 100～120 天，当饱果率达到 60%左右时，即可收获上市，迅速采收，带泥销售，确保甜、鲜、糯风味。秋冬季气温较低，生育期延长，鲜果在 1 月中下旬至 2 月上旬上市，且逢春节期间，价格较高，经济效益好。

第三章 蚕　豆

第一节　蚕豆的历史与发展

蚕豆（*Vicia faba* L.），别名胡豆、佛豆、罗汉豆、南豆等。蚕豆是豌豆族（Vicieae）野豌豆属（*Vicia*）植物中的一个栽培种。关于蚕豆的起源有几种观点。1931 年，Muratova 提出大粒蚕豆（*Vicia faba major*）原产于北非，小粒蚕豆（*Vicia faba minor*）原产于里海南部。1935 年，根据在中亚的喜马拉雅山脉和兴都库什山的交会地区发现小荚、小粒的原始类蚕豆，H. 瓦维洛夫提出中亚的中心地区是蚕豆的最初起源地，且自中亚沿纬线山脊向西延伸到伊朗、土耳其以及地中海地区，再到西班牙，蚕豆籽粒逐渐增大。特别是根据西西里岛和西班牙的蚕豆比阿富汗喀布尔地区的蚕豆大 7～8 倍的事实，得出地中海沿岸及埃塞俄比亚是大粒蚕豆的次生起源地的结论。1972 年，Schultze-Motel 根据考古学的证据，认为蚕豆是在新石器时代后期（公元前 3000 年）被引入农业栽培的，而不是第一批被驯化栽培的作物。据 Hanelt 等（1973）报道，在以色列到土耳其和希腊海岸线以东未有史前的考古发现。在死海北面的杰里科（Jericho）发现有新石器时代蚕豆残留的种子，被确认为公元前 6250 年的遗物。在西班牙和东欧的新石器时代及瑞士和意大利等地青铜器时代遗址中发现蚕豆残留物。1974 年，Cubero 推测蚕豆起源中心在近东地区，并由此向 4 个方向传播：向北传播到欧洲；

沿北非海岸传播到西班牙；沿尼罗河传播到埃塞俄比亚；从美索不达米亚平原传播到印度，再从印度传播到中国。后来，阿富汗和埃塞俄比亚成为次生多样性中心。有些学者认为，蚕豆起源地为亚洲西南部到地中海地区。近年来，许多研究证明，蚕豆可能起源于亚洲的西部和中部，其祖先和起源地区仍未确定。

蚕豆何时传入中国没有正史记载，公元3世纪上半叶，三国时期张揖在《广雅》中有胡豆一词。1057年，北宋宋祁在《益部方物略记》中记载："佛豆，豆粒甚大而坚，农夫不甚种，唯圃中莳以为利，以盐渍食之，小儿所嗜。"明朝李时珍《本草纲目》中记载："《太平御览》云：张骞使外国，得胡豆种归指此也。今蜀人呼此为蚕豆，而豌豆不复名胡豆矣。"若此说可信，则表明蚕豆传入中国的历史已有2 100多年。但是，1956年和1958年，在浙江省吴兴县新石器时代晚期的钱山漾遗址中出土了蚕豆半炭化种子。1973年，在甘肃省广河县地巴坪遗址出土了半山类型的彩陶，在彩陶葫芦型网纹间夹绘的4个小纹饰中，有蚕豆特有的形象，说明在距今四五千年前就已经栽培蚕豆了。在云南省丽江市一带有一种拉市青皮豆，栽培历史很久，据说是当地土生土长的原产品种，并且在云南省大理白族自治州的宾川县还有野生蚕豆分布。所以，关于蚕豆的起源说法不一，还有待深入研究。

第二节　蚕豆的生长特性

一、蚕豆的生物学特性

蚕豆从播种到成熟的全生育过程可分为出苗期、分枝期、现蕾期、开花结荚期和鼓粒成熟期。各生育时期的天数因品种、温度、日照、水分、土壤条件和播种时期的不同而有差别。

1. 出苗期　蚕豆的籽粒大，种皮厚，吸水较难，发芽时需水较多。所以，蚕豆出苗的时间比其他豆类作物要长一些，一般需8～14天。在土壤湿度适中的条件下，温度高低是影响出苗天数的主要因素。蚕豆种子萌芽，首先下胚轴的根原分生组织发育成初生根，突破种皮伸入土中，成为主根。初生根伸出以后，胚芽突破种皮，上胚轴向上生长，长出茎、叶，一般茎、叶露出土面2厘米时称为出苗，当田间80%的植株出苗时，为出苗期。

2. 分枝期 蚕豆幼苗一般在长出2.5～3片复叶时发生分枝，长至2厘米时，为1个分枝；当田间80%的植株发生分枝时，为分枝期。发生分枝的早晚受温度影响最大，在南方秋播区，全天平均温度在12℃以上时，出苗到分枝8～12天，随着温度的下降，分枝的发生逐渐减慢。在江苏、浙江一带，蚕豆11月底进入分枝盛期，到12月下旬达到高峰期，翌年3月中旬开始自然衰老。蚕豆分枝能不能开花及开花结荚的多少，主要取决于分枝发生的早晚和长势的强弱。另外，与土壤肥力、密度、品种和栽培管理等有关。一般早发生的分枝长势强，积累的养分多，大都能开花结荚，成为有效枝；后发生的分枝常因营养不良，生长弱而自然衰亡，或不能开花结荚。

3. 现蕾期 蚕豆现蕾是指主茎顶端已分化出花蕾，并为2～3片心叶遮盖，揭开心叶能明显见到花蕾。当田间80%的植株有能目辨的花蕾出现时，为现蕾期。蚕豆现蕾期的早晚因品种和气候条件不同而不同。在云南适时播种条件下，出苗至现蕾一般需要40～45天，有效积温为480～680℃。蚕豆现蕾时的植株高度因品种和播种早晚、栽培条件的不同而有差异，现蕾期植株高度对产量影响很大，植株过高造成荫蔽，花荚脱落多，甚至引起后期倒伏，产量不高；生长不良导致植株过矮就现蕾，形不成足够的营养生长量，产量也不高。蚕豆现蕾期是干物质形成和积累较多的时期，也是蚕豆营养生长和生殖生长并进的时期，这时需要有一定的生长量，但又不能过旺，因此要协调生长与发育的关系。对生长不良的要促，对水肥条件好、长势旺的要控，防止过早封行，影响花荚形成。

4. 开花结荚期　蚕豆开花结荚并进，其开花期可长达 50～60 天，蚕豆植株出现花朵旗瓣展开时为开花，田间 30%的植株开花为始花期，50%的植株开花为开花期，80%的植株开花为盛花期。植株出现 2 厘米幼荚时为结荚，50%植株结荚时为结荚期。从始花到豆荚出现是蚕豆生长发育最旺盛的时期，这个时期，茎叶内储藏的营养物质在供给自身生长的同时又要大量向花荚输送。此时期土壤水分和养分充足、光照条件好，叶片的同化作用能正常进行，这样才有足够的营养物质，同时保证花荚的大量形成和茎、叶的继续生长，促进多开花、多成荚、少落花落荚，这是蚕豆高产的重要条件。

5. 鼓粒成熟期　蚕豆花朵凋谢以后，幼荚开始伸长，荚内的种子也开始膨大。随着种子的发育，荚果宽厚增大、籽粒逐渐鼓起、种子充实的过程称为鼓粒期。蚕豆植株 80%的荚果呈现黄褐色的时期为成熟期。鼓粒成熟期是蚕豆种子形成的重要时期。这个时期发育是否正常，将决定每荚粒数的多少和百粒重的大小。鼓粒期缺水会降低百粒重，并增加秕粒，降低产量和质量。

二、蚕豆器官的形成与发育

蚕豆有越年生（秋播）或一年生（春播）之分，植物器官可分为根、茎、叶、花、荚果和种子 6 个部分。

1. 根与根瘤　蚕豆的根由主根、侧根和根瘤 3 个部分组成，是植株的地下部分，其功能除吸收养分和水分外，对植物还有一定的固定支撑作用。根系生长的好坏，将直接影响蚕豆产量的高低。根瘤是因侵入根皮的根瘤菌的共生作用而形成的，根瘤菌是一种好气性细菌，具有固定空气中游离态氮的能力。

蚕豆种子在萌发时，首先长出 1 条胚根，以后发展为主根，侧根从主根上长出，上部的侧根较长，向下则渐短，形成一圆锥根系。蚕豆主根强大粗壮，入土深度可达 80～150 厘米，因此，能够利用其他作物难以吸收利用的土壤深层养料，尤其是可将钙素等带到土壤上层来，被当季和后茬作物所利用。上部侧根在土壤表层水平延伸50～80厘米，然后向下生长，深达80～110厘米。蚕豆根系扩展范围虽广，但大部分集中在30厘米土层内。

蚕豆在3叶1心时，根瘤菌即已从根毛侵入根的初生皮层。在5～6叶时，根上已出现粒状根瘤，以后逐渐增大、增多而集成一团，成为不规则的姜状瘤块。根瘤主要集中在表土层20～35厘米的主根和侧根上，主根着生的根瘤比侧根大且数量多，固氮效率也较高。因此，移栽、补苗宜在幼苗期进行，并以带土连根移植为佳；否则，将因主根受损而造成死苗或植株生长发育不良。蚕豆根系与豌豆族根瘤菌共生，铵盐、硝盐会抑制根瘤的形成，故氮素化肥应深施、晚施、少施。

2. 茎 蚕豆茎是草质茎，直立，四棱形，中空多汁，表面光滑无毛。其高度差异极大，从30厘米到180厘米不等，因品种和栽培条件而异。即使是同一品种在不同的栽培环境中，茎的高度也有很大变化。一般早熟种较矮，晚熟种较高。幼茎多数为绿色，有少量品种上部呈紫红色，成熟后的茎为黑褐色。据研究，一般亩产250千克以上的秋播群体中，单枝茎粗应达到0.7厘米以上，而茎秆的粗细、高度与栽培管理条件和种植密度关系极大，节间距离和茎秆粗度都与产量相关。

蚕豆的分枝力很强，当主茎出现4片叶时，第一节上就有分枝发生，一般主茎上第一、二节发生分枝较多。主茎上的分枝为一次分枝，一次分枝上长出二次分枝，以此类推。一次分枝最多，二次分枝较少，且多为无效分枝。冬蚕豆早播的分枝较多，有5～15个；迟播的分枝较少，有3～10个。长江流域大多数地区的蚕豆主茎常在冬季自然枯死或受冻死亡，因而主要依靠早生粗壮的分枝结荚构成产量。川中、川东地区的冬蚕豆主茎上一般能结荚，但荚数仍少于分枝。春蚕豆仅有2～3个分枝或无分枝，主茎荚数略多于分枝，靠主茎和分枝构成产量。

蚕豆分枝能否结荚并成为有效分枝，主要取决于分枝出现的早晚和长势的强弱，此外，与密度、栽培管理也有密切的关系。一般秋蚕豆冬前及越冬期形成的分枝，因生长健壮、养分积累多，大多能结荚，并成为有效分枝；春后发生的分枝，长势弱，荫蔽重，常常因营养不良而大多不能结荚，成为无效分枝。

3. 叶 叶是进行光合作用的主要器官，叶片的大小、功能、衰落速度及叶层配置与光能利用和产量形成有十分密切的关系。

蚕豆的叶分为子叶、单叶和复叶。蚕豆种子有 2 片肥大的子叶，富含营养物质。种子萌发时，由于下胚轴不延伸，因此蚕豆子叶有不出土的习性。在正常条件下，夹在 2 片子叶之间的幼胚芽都是在胚根生长以后再伸长。发芽以后 2 片单叶首先生长，通常称为基叶。蚕豆的分枝主要是从基叶所在的节间发生，在 2 片基叶以后，就陆续发生各片复叶。

蚕豆的复叶为互生羽状，由 2～9 片小叶组成，复叶的小叶片数随着叶节的增加而逐渐增多，但 6～7 片小叶出现后，小叶片数又略为减少。小叶椭圆形，全缘，无毛，基部楔形。叶面绿色，叶背略带灰白色。复叶顶部小叶退化为短刺状，有时变态呈细漏斗形。托叶 2 片，较小，略呈三角形，紧贴于茎与叶柄交界处的两侧，背面有一紫色或黄褐色小斑，为退化蜜腺。

蚕豆每分枝平均生叶片 22 片左右，复叶的小叶片数多少与开花、结荚有相应的关系。据观察研究，一般在现蕾前出现的四叶型与五叶型复叶为主要开花结实的节位，到七叶型复叶出现时所开的花多为无效花。

4. 花 蚕豆的花着生在叶腋间，为短总状花序。花朵聚生在花梗上形成花簇，每个花簇有 2～9 朵花。花为蝶形花，由花萼、花冠（旗瓣 1 枚、翼瓣 2 枚、龙骨瓣 2 枚）、雄蕊（10 枚）和雌蕊（1 枚）4 个部分组成。雄蕊为 9 合 1 离的两体雄蕊，雌蕊隐在雄蕊下。花色可大致分为紫色、浅紫色、白色、纯白色（翼瓣上无斑点）。花色是鉴别不同品种的重要特征之一。

在一般栽培条件下，一株蚕豆能开 40～300 朵花，成荚率为

5%～20%，一般只有10%左右。蚕豆开花顺序是自下而上，下部花簇（第一至第三簇）的小花数较少，占总花数的34.1%，成荚率高，成荚数占总成荚数的51.7%；中部花簇（第四至第六簇）的小花数多，占总花数的40.3%，成荚数占总成荚数的43.1%；上部花簇（第七簇以上）的小花数占总花数的25.6%，成荚数占总成荚数的5.2%。每天开花时间，从8：00左右开始，持续到17：00—18：00，以中午前后开花最多，日落后大部分花朵闭合。每朵花开放时间持续1～2天，全株开花持续15～20天。

蚕豆大多能自花授粉，但由于花器较大、花冠不整齐、对雌雄蕊覆盖包裹不紧，加之蚕豆花能散发出浓郁的香味引诱昆虫采粉，从而导致蚕豆的异交率很高。在自然条件下，异交率的高低因气候条件、蜂源多少、品种差异而有所不同，一般为20%～40%，平均在30%左右。所以，蚕豆是常异花授粉作物。

5. 荚果 蚕豆的果实为荚果，由1个心皮组成，扁圆筒形，状似老蚕，被茸毛，荚内也有絮状白色茸毛。荚长因品种而异，一般长6～10厘米，宽2厘米左右。每荚含种子2～4粒，最多达7～8粒，种子占全荚重量的60%～70%。荚壳肥厚，幼荚为绿色，成熟时呈黑褐色。

蚕豆的荚型可分为硬、软两类。硬荚型品种从结荚至成熟，荚果基本保持直立或斜向上姿态，荚仍呈扁圆筒形，软荚型品种在幼荚期荚果向上生长，接近成熟时荚果由基部逐渐向下弯曲，直至完全垂下，同时荚壳收缩将种子紧紧包裹，荚内种子数量、形状明显可辨。有些软荚型的品种成熟时，荚果并不下垂或不太下垂，但荚壳仍紧紧将种子包裹。在一些干旱地区，硬荚型的品种成熟时荚壳易爆裂，造成种子散落，不利于收获；而软荚型的品种成熟时虽然荚壳不爆裂，不会造成种子散落，但脱粒却较为困难。

6. 种子 蚕豆种子由胚、子叶、种皮3个部分组成，其形状扁平，长圆形，略有凹凸。种子的基部有一个种柄脱落留下的黑色或灰白色痕迹，称为种脐。种脐的形状、颜色也是品种的重要特征之一。种脐的一端有一小孔，称为珠孔，发芽时胚根即由此伸出。种皮内包着2片肥大的子叶，多为淡黄色，也有少量品种的子叶为绿色。胚（胚芽、胚轴、胚根）着生于子叶的基部。成熟后的种皮颜色有乳白色、绿色、浅绿色、褐色和紫色等。蚕豆种子的大小因品种不同而差异很大，其长度为0.65～3.5厘米，是栽培作物中最大的种子。在自然条件下，蚕豆种子发芽力可保持2～3年，在低温干燥地区可保持5～7年。蚕豆种子中常有一种硬实现象，硬实的种皮坚硬如革，水分不易浸入。其形成是由于成熟过程中出现干旱、高温等不利因素，使籽粒过于干燥，从而造成种皮细胞紧密，对蚕豆品质和萌发都不利。

三、蚕豆的环境要求

1. 光照　蚕豆是喜光怕阴的长日照作物，延长日照时数，植株能提早开花结荚。如在秋播区，蚕豆由西向东引种其生育期逐渐缩短，反之则延长。就生态类型而言，春蚕豆和秋蚕豆对各自的生态环境都产生了系统适应性，互换环境后不利于其生长发育。但相对来说，秋蚕豆北移春播尚能开花结荚、成熟，而春蚕豆南移秋播则不能结荚或结荚极少。说明春蚕豆对光照反应更敏感，对长日照要求更严格。

蚕豆整个生长期间都需要充足的阳光，尤其是开花结荚期和鼓粒灌浆期。一般向光透风面的分枝健壮，花多、荚多，单作或间套作时，若种植密度过大，株间互相遮光严重，会导致蚕豆的花荚大量脱落。因此，宜选用株型紧凑、叶姿上举、叶片大小适中的品种；在栽培技术上，应根据蚕豆对日照的反应特点，适时播种，合理密植，间套作时作物选择要得当，排灌、施肥要科学，并适时整枝摘尖，使其有一个合理的群体结构，以改善植株间的透光通风条件，让多数叶片都能得到较好的光照。提高光能利用率，减少病虫害，对提高产量有明显的作用。

2. 温度 蚕豆喜温凉湿润的气候，不耐暑热，不耐严寒，耐寒力比大麦、小麦、豌豆差，特别是花荚形成期间，尤其不耐低温。蚕豆不同生育阶段对温度的要求和抗低温的能力是不同的。种子发芽时最低温度为3～4℃，适温为16～25℃，最高温度为30～35℃。出苗的适温为9～12℃。春播时，一般5～6℃即可播种，从播种到幼苗出土所需的天数随温度不同而变化。当覆土深6～8厘米、土温8℃时，发芽约需17天，10℃时需14天，32℃时需7天。秋播时，易遇冻害。一般幼苗能忍受－4℃的低温和霜冻，但气温降至－7～－5℃时，地上部分即受冻害，低温时间越长，受冻害程度越重。叶片受冻后先呈水渍状斑块，然后萎蔫变黑，最后受冻部分枯死。如果温度低于－8℃，幼苗就会冻死。营养器官形成期最适温度为14～16℃；生殖器官形成及开花期最适温度为16～20℃，超过26℃时落花严重；结荚期最适温度为18～22℃。

3. 水分 蚕豆喜湿怕渍，需水较多，是既不耐旱又不耐涝的作物。蚕豆对水分的要求因生育时期不同而异。种子发芽要吸收相当于自身重量110%～150%的水分，即1千克种子要吸收1.1～1.5千克的水分，才能发芽出苗。由于蚕豆粒大，种皮厚，吸水较慢，因此出苗所需时间较长，为10～20天。如果土壤湿度过大，豆种则易霉烂。

从出苗到现蕾，地上部生长较缓慢，根系生长较快，需水量相应减少，这时如果降水过多或低洼地长期积水，土壤过湿，地温低，土壤通透性差，就会影响蚕豆根系生长，导致病害容易侵染与传播，造成烂根死苗。所以，在南方尤其是春雨多、地势低平的地区，应开沟排水防湿害，配以浅中耕促进根系深扎，控制地上部徒长，使植株粗矮健壮，以达到蹲苗高产的目的。从现蕾开花起，蚕豆植株生长加快，日生长量增大，干物质积累增多，是需水分最多的时期。由于蚕豆全株生长量的65%是在开花以后形成的，因此要供给充足的水分，才能满足开花结荚的需要。

如果水分不足，就会严重影响产量；但雨水过多或长时间处于渍水的低洼地，对蚕豆根系生长极为不利，又会导致植株抗逆力减弱，易感染立枯病、锈病、赤斑病、褐斑病，而且会发生倒伏。因此，在旱地和比较干旱的地方种植蚕豆，在开花结荚期要及时灌溉，保证植株正常生长发育。在稻田和多雨地区种植蚕豆，应提早开沟作畦以利于排水，促使植株早生快发，健壮生长。

4. 土壤 蚕豆适应性比较强，能在各种土壤中生长，但最适宜的是土层深厚、有机质丰富、排水条件好、保水保肥能力较强的黏质土壤。沙土、沙壤土、冷沙土、漏沙土因肥力不足，保水力差，导致植株瘦小、分枝少、产量低。如果在这些土壤上增施农家肥料，提高土壤肥力，保持土壤湿润，也能使蚕豆生长良好。

蚕豆生长较为适宜的土壤 pH 为 6.2～8.0，因根瘤菌最适于在中性至微碱性的土壤中繁殖生长，在 pH 为 8.8 的土壤中也能繁殖，所以沿海一带盐碱地也有较多的蚕豆种植。在过酸土壤中，根瘤菌的繁殖以及根际微生物的活动则会受到抑制。因此，蚕豆在酸性土壤中往往生长不良，容易感病。南方酸性土壤种植蚕豆，需施用石灰中和酸性。北方春蚕豆产区多是石灰性钙质土壤，在种植蚕豆上有地理优势。

5. 矿质元素 蚕豆从土壤中吸收最多的营养元素是氮、磷、钾、钙，为了保证正常生长发育，还需吸收钠、镁、锰、铁、硫、硅、氯、硼、钼、钴、铜等元素。国家产业技术体系项目中利用访仙白皮、品蚕 D、云蚕 79、崇礼蚕豆 4 个蚕豆品种进行盆栽试验，研究结果表明，缺乏微量矿质元素（碘、硼、锰、锌、钼、铜、钴、铁）对蚕豆的影响大于对豌豆的影响。但是，相对于缺乏大量元素氮，缺乏微量元素对蚕豆生长发育的影响要小得多。缺乏微量矿质元素对于蚕豆生长发育的影响从大到小排序如下：空白对照>缺氮>缺锌>缺钴>缺铁>缺硼>缺铜>缺锰>缺钼>缺碘>全价营养。总体而言，蚕豆对于缺乏微量矿质元素的敏感程度明显大于豌豆，对于缺乏碘、硼、锰、锌、钼、铜、钴、铁分别表现出明显的微量元素缺乏症状，而且主要表现为叶片受损程度，叶片上坏死斑形状、颜色以及大小不同。

6. 固氮环境 豆科植物通常有2种获得氮素的途径：一是通过根部吸收土壤中的硝酸盐，再由存在于叶片中的硝酸盐还原酶还原产生氮，所有的豆科植物都有这种酶；二是固定空气中的氮，通过根瘤菌类菌体的固氮酶还原成氮，只有带有固氮根瘤的豆科植物才有这种酶。大部分田间栽培的豆科作物这两种机制都起作用，为了节约土壤中的氮素和肥料，增加固氮部分和减少吸收部分是很重要的。需要注意的是，当土壤中具有可吸收氮素时，植株会优先吸收氮素而减少固氮，所以，追施氮肥会减少固氮。对部分豆类作物，如菜豆和花生，追施氮肥可以增产；但对一些豆类作物，追施氮肥增产很少或不增产，蚕豆就属于这一类型。根瘤菌是一种无孢子细菌，它在接种物中生存困难，但在土壤中生存良好。所以，耕作土壤中通常都有根瘤菌存在。当种子发芽时，根瘤菌在根际繁殖并进入根内，随着根细胞的繁殖而增殖，形成根瘤。共生固氮是一种高等植物与一种特定细菌微妙平衡的结果，需要具备一些条件来促进固氮作用：良好的土壤结构，土壤通气性好，以便空气足够；不缺钼和硼；土壤中含有少量的氮化物；有足够数量的特定根瘤菌种；有利于植株生长的条件，如气候条件、耕作技术、适宜的品种、无病虫害等。蚕豆对根瘤菌种的特异性不强，很容易同许多根瘤菌种形成固氮根瘤，在传统的耕作土壤中都有固氮根瘤菌存在，一般不需要进行接种处理，但在新开垦或初次种植豆科作物的土壤中需要考虑接种。

第三节 蚕豆的类型与品种

一、蚕豆的类型

（一）粒型

粒型是蚕豆品种资源主要的分类依据，根据蚕豆籽粒的形状和大小，分为大粒型、中粒型和小粒型。

1. 大粒型 大粒型蚕豆百粒重在120克以上，粒型多为阔薄型，种皮颜色多为乳白色和绿色，植株高。大粒型资源较少，约占蚕豆总资源数的6%，主要分布在青海、甘肃，其次为浙江、云南、四川。其代表品种有青海马牙、甘肃马牙、浙江慈溪大白蚕、四川西昌大蚕豆等。这类品种对水肥条件要求较高，耐湿性差，种植范围窄，局限于旱地种植。其特点是品质好、食味美、粒大、商品价值高，宜作为粮食和蔬菜，是我国传统的出口商品。

2. 中粒型 中粒型蚕豆百粒重为70～120克，粒型多为中薄型和中厚型，种皮颜色以绿色和乳白色为主。中粒型资源最多，约占蚕豆总资源数的52%，主要分布在浙江、江苏、四川、云南、贵州、新疆、宁夏、福建和上海等地。其代表品种有浙江利丰蚕豆和上虞田鸡青、四川成胡10号、云南昆明白皮豆、江苏启豆1号等。这类地方品种的特点是适应性广，耐湿性强，抗病性好，水田、旱地均可种植，产量高，宜用作粮食和加工副食品。

3. 小粒型 小粒型蚕豆百粒重在70克以下，粒型多为窄厚型，种皮颜色有乳白色和绿色，植株较矮，结荚较多。小粒型资源约占蚕豆总资源数的42%，主要分布在湖北、安徽、山西、内蒙古、广西、湖南、浙江、江西、陕西等地。代表品种有浙江平阳早豆子、陕西小胡豆等。这类品种比较耐瘠，对肥水要求不甚严格，一般作为饲料和绿肥种植，也可加工为多种副食品。

（二）生态型

在生态上，我国蚕豆可以分为春性蚕豆和冬性蚕豆两大类型。

1. 春性蚕豆 春性蚕豆分布在春播生态区，苗期可耐3～5℃低温。如将春性蚕豆播种在秋播生态区，不能安全越冬，即不耐冬季−5～−2℃低温。春性蚕豆品种资源约占全国蚕豆总资源数的30%，其中大粒型占15%、中粒型占50%、小粒型占35%。在全国大粒型品种资源中，春性品种占70%。

2. 冬性蚕豆 冬性蚕豆分布在秋播生态区，苗期可耐−5～

−2℃低温，可以在秋播区安全越冬。主茎在越冬阶段常常死亡，翌年侧枝正常生长发育。冬性蚕豆品种资源约占全国蚕豆总资源数的70%，其中大粒型占3%、中粒型占55%、小粒型占42%。

（三）株型

蚕豆植株高度受遗传特性和生态条件的双重影响，为数量遗传。由于各生态区降水量和土壤肥力差异很大，造成蚕豆资源的株高差异也很明显。在蚕豆春播生态区，因降水量少，土壤肥力较差，矮秆资源较多，达48.8%，矮秆资源的株高为30厘米；中秆资源达17.5%；高秆资源达33.7%。在蚕豆秋播生态区内，因降水量较多，土壤肥力较好，矮秆资源较少，达18.5%，最矮品种的株高为38厘米；中秆资源达63.4%；高秆资源达18.1%。就全国蚕豆资源来看，矮秆资源占27.4%、中秆资源占50%、高秆资源占22.6%。

（四）种皮颜色

1. 青皮种（绿皮种）　如浙江上虞田鸡青（绿皮）、四川成胡10号（浅绿色）、江苏启豆1号（绿色）、云南丽江青蚕豆（青皮）、云南楚雄绿皮豆等，这类品种以南方秋播为多。

2. 白皮种　如甘肃临夏大蚕豆、青海3号、浙江慈溪大白蚕、湖北襄阳大脚板、云南昆明白皮豆等，这类品种以北方春播为多。

3. 红皮种（紫皮）　如青海紫皮大粒蚕豆、内蒙古紫皮小粒蚕豆、甘肃临夏白脐红、云南大理红皮豆、云南盐丰红蚕豆等。

4. 黑皮种　如四川阿坝黑皮种，适于春播地区种植，能耐低温。

此外，按用途划分，可分为粮用型、菜用型、肥用型和饲用型4种类型；按生育期长短划分，可分为早熟型、中熟型和晚熟型。

二、蚕豆的优良品种

（一）收获鲜荚品种

收获鲜荚品种要求百粒鲜重高、单宁含量低、口感好，适合浙北地区栽培的主要品种如下。

1. 慈蚕1号（慈溪大粒1号）　该品种是慈溪市种子公司由白花大粒的变异单株系统选育而成，于2007年在浙江通过审定。品种植株长势旺，株高约90厘米，叶片厚，单株有效分枝8～10个；花瓣白色，花托粉红色，单株有效荚数15～20个，单荚重35.7克，2～3粒荚约占90%，荚长13厘米左右；鲜豆粒淡绿色，长约3.0厘米，宽2.2～2.5厘米，厚1.3厘米左右，百粒重450克左右；种皮淡褐色，种脐黑色，种子百粒重190～220克。全生育期约230天，播种至鲜荚采收200天左右。鲜豆食用品质佳，商品性好，适合鲜食和速冻加工。浙北至浙南适播期在10月中下旬至11月上旬；单粒点播，每亩用种量4～6千克，种植密度为每亩2 000～2 500株；酌施氮肥，增施磷、钾肥。

2. 一青蚕豆　该品种由慈溪市隆帆园艺园、金华婺珍粮油有限公司选育而成，于2014年在浙江通过审定。全生育期213天，播种至鲜荚采收185天。株高95厘米，分枝9个，叶椭圆形，白花，下中部结荚，单株结荚25个，果荚长度10.5厘米，3粒以上荚占75%以上，荚壳较薄，百粒鲜重425克。嫩豆果皮绿色，果肉口感糯、鲜美、无涩味。经农业农村部农产品质量安全监督检测测试中心（宁波）检测，蛋白质含量8.02%、淀粉含量10.3%。种子的种皮棕褐色带蟹青斑纹，种脐黑色，百粒重230克。经浙江省农业科学院植物保护与微生物研究所抗性鉴定，抗蚕豆锈病，中抗枯萎病、褐斑病和赤斑病。该品种需肥量较大，应注意合理增加施肥量。

3. 通蚕（鲜）**6号**　冬性、中熟品种，全生育期220天，沿海地区鲜荚上市在4月下旬至5月上中旬，比日本大白皮早熟2～3天。苗期长势旺，株高85厘米，花紫色。单株有效分枝3.9个，单株结荚9个，其中一粒荚占33.6%，二粒以上荚占66.4%；鲜荚长10.4厘米、宽2.8厘米，平均百荚鲜重2 241.5克。鲜籽长3.0厘米、宽2.2厘米，鲜籽百粒重429.6克；干籽百粒重 200 克左右，粗蛋白含量 27.9%。其黑脐和种皮浅紫色可作纯度鉴定用。青豆籽速冻加工可周年供应，青荚可直接上市或保鲜出口。

4. 苏蚕 2 号 该品种主茎青绿色，茎秆粗壮，叶片较大，株高中等，110 厘米。结荚部位较高，无限生长类型。分枝性强，单株有效分枝 4 个以上，单枝结荚 5 个左右，豆荚长 10.3 厘米、宽 1.8 厘米，平均每荚 2 粒以上，粒长 1.98 厘米，粒宽 1.53 厘米，籽粒较大，粒形中厚，平均百粒重 118 克以上；紫花，种皮白皮，种脐黑色；全生育期 225 天左右；抗赤斑病。

5. 陵西一寸 由日本引进的品种，该品种根系发达，主根粗壮，入土深 45～65 厘米，侧根达 35～52 条，单株有根瘤 40～46 个；茎方形直立中空，茎粗 0.9～1.4 厘米；分枝直接由根际抽出，株高 109～110 厘米，有效分枝 5～8 个；单株结荚 13～16 个，荚长 9.3～12.7 厘米，最长荚 15～17 厘米，荚宽 3～3.5 厘米，荚呈圆筒形，鲜豆淡绿色；单株粒数 13.5～15.1，干籽粒淡棕色，种子（长×宽）为 30 毫米×25 毫米，长宽比为 1.14～1.20，百粒重在 250 克以上，最重达 280 克以上。该品种喜湿润、怕干旱，苗期尤怕水渍淹涝，播时忌施种肥。该品种是鲜食和加工罐头的优质品种，质地细腻糯性好，富含营养，味道鲜美。

6. 日本大白皮 冬性、中熟品种，全生育期 223 天左右。茎秆粗壮，株高 105 厘米，花紫色，单株有效分枝 3 个左右，单株结荚 10 个左右，荚长、荚大，其中一粒荚占 26.7%，二粒以上荚占 73.3%，鲜荚长 10.6 厘米、宽 2.7 厘米，平均百荚鲜重 2 205 克。福建、浙江南部 4 月中旬左右鲜荚上市，浙江北部、上海、江苏 4 月下旬至 5 月上旬鲜荚上市。单荚粒数 1.8 粒，鲜籽长 2.9 厘米、宽 2.3 厘米，鲜籽百粒重 395 克；干籽百粒重 175 克，白皮，黑脐。鲜荚可直接上市或保鲜出口，青豆籽可用于速冻加工。

7. 海门大青皮 冬性、中熟品种，全生育期 221 天。株型紧凑，直立生长，茎秆粗壮，株高中等，一般株高 90 厘米，花紫色。分枝较多，单株分枝 4.5 个，单株结荚 12.2 个，每荚 1.6 粒，豆荚长 8.0 厘米。籽粒较大，扁平，粒形阔薄，粒长 2.03 厘米，粒宽 1.52 厘米，种皮碧绿有光泽，种脐黑色，基部略隆起，一般百粒重 115～120 克。干籽蛋白质含量 25%～30%，粗脂肪含量 1.68%～1.98%，耐寒、抗病、抗倒伏，熟相好。可纯作，也可与玉米以及蔬菜、药材等间套种。青籽适于鲜食，干籽可加工出口，年出口量在 1 万吨以上。

8. 慈溪大白蚕豆　秋播品种，原产于浙江慈溪，是浙江著名的地方品种，常年种植面积为 15 万亩。分枝性强，结荚多，茎秆粗，百粒重 120 克左右，是秋播蚕豆中较好的大粒种。种皮薄，乳白色，单宁含量低，品种褪色慢，食味佳，是全年菜用的优良品种。一般干籽每亩产量 150～200 千克，籽粒主要供外销用。缺点是不抗病、易倒伏。该品种耐湿性差，对耕作条件要求严格，宜安排在滨海及旱地种植。旱地的增产潜力大于水田。慈溪大白蚕豆属晚熟型，生育期 210 天左右，浙江一般在霜降前后播种，翌年 5 月上中旬收获鲜荚，5 月底成熟。每亩播种量一般为 7.5～10 千克。

（二）收获干籽粒品种

1. 启豆 2 号　冬性、迟熟品种，全生育期 226 天。株型紧凑，直立生长，茎秆粗壮，叶片繁茂。株高 106.2 厘米，花色白中带淡红，偶有红花。单株有效分枝 3.2 个，单株结荚 14.2 个，荚长 9.76 厘米，每荚平均 3.0 粒。豆荚上举，荚壳薄，豆粒鼓凸于豆荚间。豆粒种皮绿色，种脐黑色，粒形中厚、椭圆形，粒长 1.72 厘米，粒宽 1.22 厘米，百粒重 78～80 克。蛋白质含量 27.12%。丰产性好，成熟时具有秆青籽熟的特点。高抗锈病，中感褐斑病，感赤斑病，熟相好。耐寒、耐肥、抗倒伏，适于间作、套种，属粮饲兼用蚕豆。

2. 启豆 1 号　中粒型秋播蚕豆品种，百粒重 90 克左右。分枝性强，结荚多，茎秆粗，耐肥、抗倒伏；耐寒性强，对锈病、轮纹病和赤斑病具有一定的抗性。该品种种皮绿色，种子中厚，成熟较迟，生育期为200～210天，在江苏、上海等地种植面积较大。该品种适于长江流域大面积种植。

3. 成胡10号 冬、春季均可种植，根系发达，茎秆粗壮、长势旺，中熟，生育期120天左右。种皮薄、浅绿色，百粒重80～90克。一般每亩产量150～200千克，最高为270千克。适应性广，抗病性强，抗倒伏，高产稳产，食味好，适宜中等以上肥力土壤种植，是粮、菜、饲兼用的中粒高产品种。

第四节　蚕豆栽培技术

一、蚕豆的栽培模式

浙北地区的蚕豆多以收获嫩荚为主，为延长蚕豆的采摘季节，做到平衡上市，满足市场需求，推行多种种植模式发展蚕豆生产。主要的栽培模式如下。

1. 大棚栽培 在霜降前后播种，蚕豆在自然环境下度过春化阶段，然后扣膜升温，使蚕豆能提前20天左右上市。蚕豆苗经过人工低温春化处理，转入大棚内栽培。蚕豆在8月上中旬催芽后低温春化处理，9月上旬移栽至大棚内，12月底至翌年1月中旬收获。

2. 秋播越冬露地栽培 霜降前后播种，4月底至5月中旬收获。

3. 间作套种 蚕豆由于植株较高，一般与低矮冬性作物间作，可与大白菜、芹菜、菠菜间作，春化蚕豆可与大棚草莓、花生间作。

二、蚕豆的秋播越冬栽培技术

1. 品种选择 一般在霜降前后播种，蚕豆播种出苗后即进入冬季低温时期，苗期有2个多月的缓慢生长期，应选择冬性较强的品种，保证苗期有较强的抗冻性，越冬后幼苗的恢复力较强、耐湿以及对赤斑病等叶部病害有较强的抗耐性是重要的选择性状，宜选择通蚕系列以及传统地方品种（海门大青皮、慈溪大白蚕、陵西一寸）。大面积生产不能选用春性品种。

2. 整地 选择轮作3年以上的地块。整地前每亩施2～3吨的农家肥和30千克的过磷酸钙，之后根据前作和间作、套种情况进行翻耕或旋耕，开沟作畦、起垄，畦宽和沟深根据地块的给排水条件和间作、套种种植结构而定，一般沟深20～30厘米、畦宽1～3米。

3. 种子精选及处理 精选无病斑、无破损、籽粒饱满的种子，播种前晒种1～2天。用钼酸铵和杀菌剂浸种或拌种，购买种子公司生产包装的标准化包衣种子，不需要进行种子处理。

4. 播种期及播种方法 要根据当地气候条件决定适宜的播种期及播种方法，主要的限制因素是温度，通常在当地平均气温降到9～10℃时播种。以10月中下旬为宜，过早播种，植株过嫩易受寒害；延迟播种，由于前期生育期短，不利于蚕豆早发。在适宜的播期范围内，适当早播对获得蚕豆高产有利。

播种可采用机械或人工，有打穴点播和开行点播两种方式。播种深度以3～5厘米为宜，沙土稍深，黏土、壤土稍浅。播种过深，子叶节上分枝退化，分枝节埋在土中，分枝减少。因此，与深播相比，适当浅播可增加15%左右的有效分枝。

5. 密植结构 蚕豆种植规格的设计是影响光合效率、获得高产的关键。株行距大小要根据地区气候特点、土壤肥力水平、茬口类型和品种特性等决定。一般情况下，每亩4 500～7 000穴，每穴2粒，大粒型品种可适当降低密度，株行距可采用（100～110）厘米×（25～30）厘米，或（120～125）厘米×（25～27）厘米。用种量根据种子大小按播种规格计算。

6. 施肥 蚕豆的施肥应掌握重施基肥、增施磷肥、看苗施氮、分次追肥的原则。整地时已施入足量农家肥和磷肥的地块，在苗期追施钾肥即可，在豆苗2.5～3薹叶期每亩施硫酸钾10～15千克，不施或慎施氮素肥料。整地时未施入足量基肥的地块，苗期可每亩追施三元（N∶P∶K=15∶15∶15）含硫复合肥20千克。在开花结荚期，还可根外追施钼、硼肥，浓度为0.05%，在始花期、盛花期各喷施1次，可以获得良好的增产效果。

7. 排水灌水 维持出苗期、花荚期排灌水的良好状态是十分重要的。在这两个重要的需水时期，如果供水过多或供水不足都会严重影响产量。

8. 病虫害防治 全生育期的根茎病害及生育中后期的叶斑病（赤斑病、褐斑病）是常发病，应注意监测，及时防治。

9. 采收 收鲜荚，以豆荚充分鼓粒、荚色保持青绿为最佳采收期。荚面微凸或荚背筋刚明显褐变，豆荚开始下垂，种子已肥大，但种皮尚未硬化时分2～4次收获。

三、蚕豆种苗（芽）的春化促早栽培技术

（一）种芽春化处理法

1. 种子精选及处理 精选大小一致、豆粒大、无虫蛀、无病斑、无破损、颗粒饱满的种子，播种前晒种1～2天。用钼酸铵和杀菌剂浸种或拌种，购买种子公司生产包装的标准化包衣种子，不需要进行种子处理。

2. 品种选择 一般在8月上中旬进行春化处理，开花结荚、收获期遇冬季低温，应选择冬性较强的品种，宜选择通蚕系列以及传统地方品种（海门大青皮、慈溪大白蚕、陵西一寸）。

3. 浸种催芽 一般8月上中旬在常温下浸种12～24小时，浸种时间因室温高低而异，温度高则浸种时间短。将浸泡充分的种子装在竹筐中，在清水中冲洗干净后，盖上棉布并在室温下催芽，若室温高于25℃，则应在光照培养箱内催芽或延迟催芽。3

天后，当大部分种子露白时，开始进行春化处理。

4. 春化处理 将豆芽在2～4℃低温环境中进行20天左右处理，采用16小时光照/8小时黑暗处理，保持湿润。将低温处理后的豆芽置于室温环境下炼芽1～2天。

5. 移栽 选择轮作3年以上没有种过豆科作物地块的大棚。移栽前半个月整地，每亩施2～3吨的农家肥和30千克的过磷酸钙，若前茬为蔬菜，可不施基肥。之后根据前作和间作、套种情况进行翻耕或旋耕，开沟作畦、起垄，畦宽和沟深根据地块的给排水条件和间作、套种种植结构而定。一般8米标准大棚作3畦，每畦种植2行，行距0.8米，穴距0.4米，每穴1株，密度大概为每亩1 200～1 800株。播种时蚕豆芽朝下，边播种边浇水，再盖土1厘米。秋季土壤干燥，及时灌水，保持土壤湿润。直至幼苗出土，同时在行间播种备苗，以防缺苗。

（二）蚕豆苗春化处理法

1. 培育蚕豆苗 将蚕豆种子用50%多菌灵可湿性粉剂500倍液浸种6～24小时，待种子吸足水分后平铺在育苗盘中（也可在沙盘中进行），覆盖泥炭和蛭石（比例为10∶1）的混合基质，并用薄膜覆盖保湿催芽，搭建遮阳网。当蚕豆苗植株高5～6厘米、具2片子叶、主根上有白色须根时，将芽苗从苗床移出。

2. 蚕豆苗春化处理 将蚕豆苗放于塑料筐内，套上薄膜袋保湿，移至0～15℃温度段的人工气候培养箱中，放置10～20天，温度由高—低—高模拟冬季自然状态进行春化处理。

3. 移栽 用50千克磷肥作基肥条施，蔬菜地可不用施基肥，将春化处理后的蚕豆苗种植到大棚内，边种边浇定根水，确保成活。密度视季节改变而变化，8—9月移栽密度为每亩1 200～1 700株，10—11月移栽密度为每亩3 000～3 500株。移栽时最高气温高于25℃，大棚需盖遮阳网降温。

（三）人工春化处理蚕豆的特征特性

蚕豆人工春化处理在立秋（8月8日左右）至寒露（10月8

日左右）进行，鲜蚕豆荚最早采摘时间为元旦至春节，至4月底露天蚕豆上市前结束。蚕豆人工春化处理后，花芽分化提早、结荚部位降低，呈现边开花、边分枝的特点。分枝丛生，12月底所有分枝全部开花；结荚率提高，单个分枝结荚最多达6～10荚；平均始花叶位6.15片叶，始花枝高11.05厘米，叶间距不足2厘米，植株紧凑，花团锦簇；到12月20日调查，最高分枝长26.4厘米（已打顶），单株结12.4荚，平均每分枝结1.3荚。蚕豆属于自花授粉作物，冬季覆盖双层薄膜后，应注意防止棚温过高、分枝过密导致结荚稀少甚至不结荚。

蚕豆经过春化处理后，开花结荚时间提前到11月，并且边开花、边分枝，结荚时间长达5个月，产量提高。尽管生殖生长提前、植株偏矮、结荚数增加，自身根瘤菌固氮量仍能满足蚕豆荚膨大所需，整个生育期只需喷施叶面肥。

（四）秋季管理

1. 浇水 蚕豆种植后正值秋季气候干燥时期，要及时浇水，促进植株分枝及生长，为花芽分化提供所需水分。

2. 主茎打顶 蚕豆主茎不结荚，在分枝后期退化，当主茎株高7～8厘米、3叶1心、移栽后1周左右打顶，以促进分枝。

3. 盖膜 10月下旬气温下降至15℃时，及时盖上1.2米的宽黑地膜，并在行间地膜下铺滴管。黑膜能保持土壤湿润、凉爽，防止杂草滋生及水溅到花器官上。若9月29日移栽蚕豆，1个月后就能开花。

4. 及时灌水 11月上旬开花时，遇晴天应及时灌水，保持土壤湿润、降低地温，有利于结荚；结荚后及时采用滴灌灌水，提高结荚率、促进豆荚膨大；苗期、花荚期分别喷施0.1%钼酸铵和硼酸钠溶液，增强根瘤菌固氮能力、提高结荚率。

5. 病虫害防治 秋季蚕豆易发蚜虫，并诱发病毒病；苗期高温易发生青枯病死苗，防治方法详见第五章。喷药时注意避开开花时间，以免影响授粉结荚。

6. 防徒长 秋季高温徒长易导致落花落荚，观察叶位间距调控温湿度，防止植株徒长，苗期可用10%多效唑可湿性粉剂500～1 000倍液喷雾1次，开花结荚期慎用多效唑调控，防止蚕豆荚畸形。

（五）冬季大棚管理

1. 大棚盖膜 开花结荚期最适温度为16～20℃。蚕豆经过春化处理后，抗低温能力减弱，开花结荚期注意防冻。11月中旬，昼夜温差大，当最低气温低于12℃时，大棚内先搭建内棚，覆盖内棚膜，昼揭夜盖，防止夜间"暗霜"；12月上旬当最低气温降到0～2℃，及时覆盖大棚膜、围上裙膜以关棚保温，保持棚内温度在15℃以上，确保蚕豆荚膨大，防止"僵荚"降低产量，中午前后3小时棚温升高时开棚通风；翌年3月最低温度超过10℃时，逐步拆除内棚、裙膜通风，当最高温度超过30℃，及时开棚通风降温，防止高温逼熟、植株早衰。

2. 整枝打顶 分枝下部有1～2厘米豆荚1～2个、株高30～40厘米时，选择晴天摘心打顶，控制株高，提高结荚率，确保营养集中供应蚕豆荚膨大。分枝过密的植株适时剪除基部老叶及过多分枝，每株留10个分枝，每亩留1.3万个分枝。春节前采摘完蚕豆荚的分枝应及时剪除，确保田间通风透光。

3. 及时灌水 蚕豆荚膨大期急需水分供应，根据土壤墒情膜下滴灌，可保持土壤湿润状态，促使蚕豆荚膨大。

4. 采摘 春节期间可采摘上市，在豆粒足够大、蚕豆脐眼转黑前采摘，均可作为鲜食蚕豆。及时剪除鲜蚕豆荚采摘完的分枝，减少养料消耗，有利于不断形成新的有效分枝；4月底露地蚕豆大量上市时，价格下跌，结束整个大棚蚕豆采摘与管理，尽快间套作其他高效瓜果、蔬菜、鲜食玉米等作物。

第四章 豌　豆

第一节　豌豆的历史与发展

豌豆因其幼苗柔软宛宛而得名。也有人认为，因自西域大宛引入，故称豌豆。豌豆别名荷兰豆，因其耐寒力居豆类蔬菜之首，世界上凡能栽培麦类的地区几乎都可以种植，所以又名寒豆和麦豆。

豌豆（*Pisum sativum*）属蝶形花科（豆科）豌豆属（*Pisum*），草本植物，春播为一年生，秋播为越年生。有人认为，豌豆起源于欧洲南部及地中海沿岸地区，也有人认为起源于高加索南部至伊朗附近。从豌豆属野生种的分布来看，有若干个起源和遗传变异中心，包括中亚细亚、小亚细亚、埃塞俄比亚和地中海一带。从欧洲各国石器时代的遗迹发掘中，曾发现豌豆，说明古代即有利用。瑞典曾在9—11世纪的古墓中发掘出豌豆制成的食品。在古希腊、古罗马时代的文献中有豌豆名称的记载，可能是从南欧向西，接着又向北传播的。中世纪时，似乎主要用其籽实作食粮，以后逐渐发展了荚用品种。1660年，英国从荷兰引入荚用豌豆品种进行栽培。1936年，美国首先引入弗吉尼亚州。

豌豆地理分布很广，世界上凡能种植小麦和大麦的地方，几乎都有豌豆的栽培。谷实豌豆可以在北纬56°范围内种植，蔬菜豌豆可以在北纬68°范围内种植。世界上种植豌豆的地区主要分布在亚洲、非洲和欧洲，豌豆在我国的种植历史悠久。汉武帝派张骞出使西域各国，引入粮用豌豆，在史书上记载有胡豆、豌豆。唐朝史书称豌豆为毕豆——豌豆的别名。明、清以来，由海路从欧洲引进菜用和软荚豌豆，广东栽培最早，称荷兰豆，以后再传播至我国南北各地。明朝李时珍称“豌豆种出西湖，其苗柔弱宛宛，故得‘豌’名”。表明豌豆在我国栽培已有 2 000 多年了。

虽然我国的豌豆栽培历史悠久，但长期以来以粮用豌豆为主。20 世纪 80 年代，我国粮用豌豆种植面积 6 900 万亩，占世界总种植面积的 43.8%；总产量 500 万吨，占世界总产量的 40.7%。近年来，由于菜用豌豆产量高、效益好，我国粮用豌豆的种植面积逐年萎缩，2019 年，我国豌豆总种植面积为 600 万亩左右，其中菜用豌豆种植面积占 25%。

第二节 豌豆的生长特性

一、豌豆的生物学特性

豌豆从播种到成熟的全生育过程可分为发芽期、幼苗期、伸蔓发枝期、花和荚果生长期等时期。各生育时期的天数因品种、温度、日照、水分、土壤条件和播种时期的不同而有差别。

（一）发芽期

豌豆发芽的条件主要是水分、温度和空气。具有正常发芽能力的种子，需吸收相当于种子同等重量的水分。种子吸水膨胀后，在一定的温度条件下，就可以萌发。当种子所需的水分、温度和空气条件得到满足后，呼吸作用加快，子叶内储藏的蛋白质、脂肪和糖类在酶的作用下，开始发生复杂的化学变化。脂肪水解后生成大量磷脂，蛋白质经过水解后变成可溶性的氨基酸、糖类物质，生成还原糖和淀粉。子叶内储藏物质的转化，为胚的生长提供了大量可溶性养料。

种子吸水膨胀，开始发芽时，胚根首先由胚孔穿出，伸入土中。同时，子叶张开，突破种皮露出胚芽，不断向上生长穿过土层。当胚轴伸长时，胚芽露出地表，经阳光照射后由黄色转为绿色，开始进行光合作用。

（二）幼苗期

豌豆出苗的最低温度为 4～6℃，在 8～15℃条件下播种后 15 天左右出苗。豌豆种子萌发后，在胚根向上生长的同时，胚芽也向上生长。下胚轴不伸长，子叶留在土中。上胚轴伸长使幼芽露出土表，幼芽出土后继续生长使主茎不断地伸长。起初的 2 个节位上，每节着生较小的 1 片单叶，第一叶最小，第二叶比第一叶稍大，呈三裂片状。

幼苗的节间长度与栽培方式有密切的关系，如植株过密，往往节间长、茎纤细，说明幼苗细弱发育不良。这种情况应及早间苗，否则影响花芽分化，导致产量不高。

（三）伸蔓发枝期

随着幼茎继续生长，复叶依次出现，主茎下部的复叶，一般具 1 对小叶，中、上部复叶具 2～3 对小叶，在开花前随着叶片叶形的增大和复叶的出现，主茎节间的长度和直径有明显增大的趋势，这一时期为伸蔓发枝期。

豌豆花芽分化的开始期与发枝期基本一致。秋播豌豆经 110～130 天开始花芽分化，而春播豌豆播后 30～40 天开始花芽分化。单果花从分化到成花需 40～50 天；以全株看，秋播豌豆从花芽分化到开花需 40～50 天，春播豌豆只需 13～23 天。豌豆花芽的着生与分枝密切相关。通常主枝的第一花序着生在高节位分枝的上方，第一次枝上的第一花序也着生在第二次枝的节位上方，第一节花以上各节可连续开花。分枝数是构成豌豆产量的重要因素，伸蔓期抽生的有效分枝数越多，其产量就越高。春播的生长期短，分枝少，应提高播种密度，以确保每亩分枝数。

（四）花和荚果生长期

从始花期到籽粒成熟或打收嫩荚结束，一般需 50～60 天。豌豆自幼苗生出 10 叶以上时，在叶腋间抽出花梗，花柄比叶柄短。每个花梗常生1～3朵小花，极少数为4～5朵，以2朵为最普遍。豌豆开花次序为每一株由下向上，第一花序常着生在第七至第十八节处，其着生位置与品种的特性有关，早熟种趋向于矮生，开花的节位低，开花的节数比迟熟品种少，一般第一花序着生在第七至第十节处为早熟品种，着生在第十一至第十五节处为中熟品种，着生在第十五节以上的为晚熟品种。

豌豆开花主茎先开，分枝后开。单株开花多少，因品种和栽培条件不同而差异很大，豌豆初期开的花结荚率高，后期顶端开的花，脱落率高，常呈秕粒。每株开花次序由下而上依次出现，先出现的先开花，豌豆全株开花共需14～15天，每天开花的时间为9：00—15：00，11：00—13：00开花最盛，17：00后开花很少。当天开放的花，傍晚旗瓣收缩下垂，第二天会再度开放。

豌豆在开花受精完成后，子房迅速膨大，经过15～30天，荚果生长最盛。荚果长椭圆形，扁平，长5～10厘米，腹部微弯，当豆荚的宽度达到最大限度时，荚内的种子已开始形成，此时叶片中的营养物质不断输送到种子内，种子中粗脂肪、蛋白质及糖类的含量随着种子增重而不断增加。鼓粒开始，种子中的水分含量最高，随着干物质不断增加，水分含量逐渐下降。

豌豆结荚鼓粒到成熟阶段，是形成种子的重要时期，这个时期发育是否正常，与种子粒重和粒数有密切的关系，要保证种子正常发育。一方面，植株本身的个体发育好，储藏的营养物质丰富；另一方面，为了后期不早衰，水肥供应要充足，出现干旱时应及时浇灌，还要注意保证后期株间良好的通风透光条件，从而避免贪青徒长。

二、豌豆器官的形成与发育

（一）根和根瘤

豌豆是直根系作物，有较发达的主根和细长的侧根，主根和侧根上着生许多根瘤。侧根分枝极多，有时部分侧根能发育到主根的长度。豌豆种子萌发时，首先长出 1 条胚根，胚根的尖端有 1 个生长点，生长点细胞分生能力极强，能不断分裂形成新的细胞而伸长，即根的生长，从而形成主根。从主根上长出较细的侧根，先向水平方向生长，然后向下斜伸，侧根入土深度与主根一样能够达到 1 米以上，多数分布在 20～30 厘米的耕作层内。主根和侧根上都着生有根毛，密生的根毛和土壤颗粒紧密相贴，水分和养分被根毛吸收进入植株体内。

豌豆主根开始长出后，在主根的上部靠近种子胚根处先长出数条侧根。幼苗根的伸展是时快时慢交替进行的，在生长缓慢时，上一侧根与新长出的下一侧根相吻合。根的生长速度大约在花原基开始形成时达到最高峰，此后甚至还不到开花时就急剧降低。某些侧根比另一些侧根具有较大的生长势，它们向下伸展的态势几乎与初生根相似。

豌豆的根上有根瘤菌共生，形成根瘤。根瘤着生的形状，好像聚集在一起的红枣。根瘤菌由根毛进入根内，使根的原膜细胞受到刺激后加强分裂，形成瘤状物。豌豆的根瘤菌是好气细菌，主要在地面以下的耕作层内活动，豌豆的根瘤也主要分布在这一土层的主根和侧根上。深层土壤缺乏空气，根瘤就不能生活。根瘤的体积越大，发育良好，色泽粉红，固氮能力就越强，反之则差。

根瘤中充满了根瘤菌，能从空气中固定游离的氮素，根瘤和植株本身有密切的共生关系，根瘤在根内的繁殖，需要从植株得到碳水化合物及磷素，这些营养物质如能充分供应，根瘤菌就发育旺盛，且形成早、体积大、数量多，固氮量也多，豌豆从根瘤得到的氮素供应也就多。初生根和较老侧根上的根瘤是利用子叶的储存物质而生存的，开始固氮较早，因此在成苗期通常很难看到明显的缺氮现象。然而，早期形成根瘤也要付出一定的代价，早期结瘤的幼苗生长缓慢，其根系的大小比没有结瘤的植株生长情况差些。

根瘤数量形成的高峰出现在营养生长中期，这时根瘤重量和植株重量的比值也达到最大。在以后的生长中，根瘤平均体积的增加和固氮率的提高，足以补偿根瘤数目的减少。接近开花时，根瘤的重量和活力都达到最高峰。到了结实期，根瘤大量消亡，此时整段整段的根也逐渐腐烂。

根瘤菌对所寄生植物有严格的选择性，豌豆根瘤菌与蚕豆、扁豆、苕子等有共生作用，对其他豆类作物则不能寄生或寄生能力很差。根瘤菌在 pH 为 5.1～8.0 的土壤中发育良好，在过酸或过碱的土壤中发育不良，给豌豆增施磷、钾肥料和硼、钼等微量元素肥料，有促进根瘤繁殖和发育的作用。

根瘤形成时对不良环境条件的反应，往往比寄主植株的反应更为敏感。例如，光照、温度、湿度等与根瘤的形成有密切的关系，光照强弱、温度高低、湿度大小直接影响根瘤的生长。

豌豆地内原有的根瘤菌种群一般能保证形成充分有效的根瘤，不需要进行人工接种。鉴于豌豆对共生固氮的依赖，能够测定当时的固氮率以及测定整个生长期到底从大气中获得了多少氮素。根瘤中心细菌组织的血红蛋白显色是反映根瘤菌活力的可靠标志。因此，每一植株上红色根瘤的重量，是豌豆固氮潜力的良好指标。

（二）茎

豌豆茎圆而中空，因品种和栽培条件不同，茎有匍匐、蔓生和直立 3 种。茎的长度，一般为 100～300 厘米。矮茎型豌豆株高 25～90 厘米，多为早熟品种，生育期 80～120 天；高茎型豌豆株高 90～300 厘米，多为晚熟品种，生育期 150～180 天；两者之间为中间型。豌豆主茎的粗细因品种及栽培条件的不同而变化较大，一般直径为 3～10 毫米。茎的表皮光滑无毛，被白色粉状物。茎上有节，节是叶柄在茎上的着生处，也是花荚或分枝在茎上的着生处。因此，节数的多少是直接关系到籽粒产量高低的一个形态特征。豌豆主茎节数的多少因着生密度、品种及栽培条件不同而异，尤以栽培条件的不同而变化显著。同一品种在不同栽培条件下，其主茎节数与节间密度变化很大，优良的栽培技术能促进豌豆植株节间缩短，使节数增加。

豌豆的茎既是着生植株各器官的骨架，也是主要的运输组织，通过茎才能把根系吸收的水分和养分等营养物质运输到各器官中去，同时茎也是储藏营养物质的地方。所以，茎生长情况的好坏与豌豆籽粒产量密切相关。豌豆的分枝主要着生于茎的基部各节，一般分枝 3～4 个，少的 1～2 个，多的可达 10 个以上。分枝的数量除了与品种有关以外，主要与栽培条件有关，良好的栽培条件可以使分枝达到适当数量，进而获得理想的产量。

（三）叶

豌豆为偶数羽状复叶，由 1～3 对小叶组成。小叶呈卵圆形或椭圆形，全缘或下部稍有锯齿，小叶长 25～50 毫米，小叶数目由下而上逐渐增多。托叶卵形，呈叶状，常大于小叶，包围叶柄或茎，边缘下部有锯齿。

豌豆的复叶由小叶、叶柄和托叶 3 个部分组成。小叶一般 1～3 对，对生于叶柄两边。1 对托叶很大，着生在叶柄基部两边，围抱茎部。每个小叶又着生在小叶柄上，叶柄连着叶片和茎，是水分和养分运输的通道。复叶的叶轴末端变为卷须，一般有卷须 1～2 对，也有无卷须的无须豌豆。

豌豆叶片的上、下、外沿都具表皮细胞，一般无毛，被白色蜡粉。叶片内有维管束，是水分和养分的运输通道，通过叶柄和茎连接。表皮下的叶肉细胞中含有叶绿体，叶绿体能在太阳光下把二氧化碳和水合成有机物质，叶肉细胞中叶绿体含量的多少直接影响叶色的变化。

豌豆叶片是进行光合作用的主要器官，当叶片充分长大时，达到最大的光合强度，其后光合强度渐弱，速度稍快于叶绿素的减少。呼吸强度则随着叶龄增加而稳步下降。幼嫩的营养叶表现的光合作用强，这种小叶为发育中的植株和果实提供营养，其叶绿素和储藏蛋白质的减少也较慢。

（四）花

豌豆的花为腋生总状花序。主茎长出 10 叶以上时，在叶腋间抽出长花梗，每个花梗常生 2 朵小花，也有 4～6 朵的。蝶形花，花白色或紫色。豌豆为天然自花授粉作物，但在干燥和炎热的气候条件下也能产生杂交。豌豆的花由花萼、花冠、雄蕊和雌蕊等组成。

1. 花萼 花芽发育成花蕾之后，由萼管和 5 个萼片组成。5 个萼片中有 2 个裂齿很小，位于花的后方，花萼的构造与叶片相同，绿色，能进行光合作用。

2. 花冠 花冠为蝶形，似展翅的蝴蝶。花冠位于花萼的内部，由 5 个花瓣组成。最上面一个大的称为旗瓣，在花未开放时，旗瓣包围其余 4 个花瓣。旗瓣两侧有 2 个形状大小相同的翼瓣，下面 2 个花瓣的基部连在一起，形似小船，称为龙骨瓣。

3. 雄蕊 雄蕊在花冠内部，共有 10 个，其中 9 个雄蕊的花丝连在一起呈管状，将雌蕊包围，另 1 个雄蕊单独分离，故称为两体雄蕊。花药有 4 室，着生于花丝的顶端，其中储藏花粉粒，花粉粒多为圆形。

4. 雌蕊 雌蕊 1 个，着生在雄蕊的中间，雌蕊包括柱头、花柱和子房 3 部分。花柱扁平，顶端扩大，内侧有髯毛。花柱下部为子房，子房 1 室，内含 1～4 个胚珠，多数为 2～3 个胚珠，个别有 5 个胚珠。

豌豆开花的早晚因品种不同而异，同一品种内很规则，节数与开花期及成熟期有正相关关系。同一品种开花早晚与产量有密切的关系。一般早开花的每荚籽实重量比晚开花的高。豌豆开花也与节数有关，节数少的开花成熟较早，节数多的开花成熟较晚。

（五）荚

豌豆的荚由胚珠受精后的子房发育而成。有硬荚和软荚两种，硬荚品种的荚壁内果皮有似羊皮纸状的厚膜组织，到成熟时，此膜干燥收缩，使荚开裂；而软荚品种无此膜，至成熟时不开裂，且软荚品种荚内纤维少，嫩时可食用。豌豆花凋萎后，荚果迅速长大，开花后 15～30 天，荚果生长量达到最高峰。荚面一般光滑无毛。荚壳由2片合成，合口的一面附着种子的珠柄，称为腹缝线，种子成熟后，豆荚可沿背缝线裂开。荚内有2～10粒种子。同一品种在不同的气候条件下，荚色有深浅不同的变化，多雨湿润时荚色较深，干燥时荚色较浅。

豌豆主茎最下部豆荚距离地面的高度称为结荚高度。结荚高度对于豌豆产量有一定的影响。豌豆结荚高度因品种及栽培条件的不同而异。若栽培不当，结荚部位过高，产量会受到影响。在田间荫蔽、营养生长和生殖生长不协调的情况下，结荚部位会增高。

（六）种子

豌豆的种子一般呈圆形，不同品种种子的颜色有白色、淡红色、褐色、黄白色、绿色以及杂色相间。食用豌豆的种皮光滑，菜用豌豆的种皮皱缩。种子有明显的脐，无胚乳。有2片肥厚的子叶，其中含有丰富的蛋白质和脂肪，千粒重一般为100～300克。

种子以种柄着生在腹缝线上，种子脱离豆荚后残留的痕迹称为种脐。种脐的中央有脐痕，一端有一小孔，称为珠孔，是种子发芽时胚根伸出的地方。在珠孔相对的一端有一个合点，是胚珠的基部与珠柄相连接的地方。豌豆种子的生活力在常温下可保持3～4年。

种子的消化性因种皮色泽而不同，凡有明显橘黄色种皮者被消化最快，黄色及绿色种皮且种皮粗者消化速度适中，暗色种子消化性较差，具有大理石色而种皮皱缩者最不易被消化。种子的消化性又因环境及栽培条件等因素而异，在不适宜的气候条件下形成的种子的消化性较差，土壤中富含磷素时能提高种子的消化性。若土壤中富含钙盐和碳水化合物，种子的消化性较差，未成熟的绿色种有最好的消化性。

三、豌豆的环境要求

豌豆为一年生或越年生豆科植物，浙北地区一般在10月25日左右播种菜用豌豆，翌年4月中旬收获，其生长发育过程可分为出苗、分枝、开花、结荚和成熟等时期。以半数植株见花为开花期；下部的花形成果荚，而且形成较大的籽粒时为结荚期。各生育时期对环境条件的要求各不相同。

（一）水分

豌豆种子含有较多的蛋白质，发芽时张力大，吸水较多。因此，在种子发芽时需要供给较多的水分。豌豆种子发芽膨胀一般需吸收自身重量 100%～110%的水分，最低需吸水 98%。吸收水分的多少，又与种子大小、品种特性、引种来源有密切的关系。一般来说，从干旱地区引入的种子需水较多，原先生长在较湿润条件下引入的种子需水较少。不同的生育时期豌豆需水量不同。豌豆每形成一个单位的干物质，需消耗 800 倍以上的水分。因环境和生长条件的不同，豌豆的蒸腾系数为 600～800。种子萌发要求土壤有较多的水分以满足吸胀的需要。幼苗时期，地上部分生长缓慢，植株小，蒸发量不大，需水量不多。这时根系生长较快，如土壤水分偏多，在田间潮湿的地区，植株基部容易受潮腐烂。在幼苗时期，如果土壤水分适当少一些，加上适时中耕，使土壤温度增高、通气良好，豌豆根系就能扎得深、长得好。豌豆开花结荚到种子充实阶段，植株生长快，生长量大，干物质积累多，是需水最多的时候。充足的水分可以增加开花、结荚数量，使种子充实饱满。但此时雨水也不宜过多，要求不燥不湿、阳光充足。如果多雨少日照，容易造成植株因过于茂密而柔弱，以及封行过早而株间通风透光不良乃至徒长。成熟期需水量减少。土壤水分的多少，对豌豆植株生长和产量影响很大。当土壤水分达到田间持水量的 75%时，最适合豌豆生长。豌豆的耐旱力较强，往往在干燥瘠薄的土壤上也能正常发育生长，但土壤湿度降低到田间持水量的 50%以下，会使豌豆生育、产量及品质受到不良影响。

（二）光照

豌豆属长日照类型，整个生育期都需要良好的光照条件。在安排播种方式及间套作物时，都要考虑良好的通风透光条件，才能获得理想的产量。如果与高秆、叶茂作物间作，遮光越严重，生育越不良。如果栽培密度过大或施用氮肥过多，则茎叶生长过于繁茂、封行过早、通风透光不良，将使豌豆产量受到严重的影响。

豌豆的花荚受光照条件影响很大，花荚在豌豆植株上下各部都有分布，不论上下部，每个叶片都要求得到充足的光照，才能正常地进行光合作用，制造有机物质，以充分保证各部位花荚正常发育。所以，光照对豌豆生长发育十分重要。豌豆在昼夜的光照和黑暗交替中，需要连续光照的时间较长，连续黑暗的时间相对较短。在长光照和短黑暗的条件下（这里的长短是相对而不是绝对的），豌豆开花提早，生育期适当缩短；反之，在短光照和长黑暗的条件下，开花期延迟，生育期变长，豌豆分枝较多，节间缩短，托叶变形。但不同的品种对长光照及短黑暗的敏感程度也不尽相同。若为早熟品种，缩短光照至10小时对开花几乎没有影响。豌豆在花原基开始出现的时期对光照的反应最敏感，这时光照条件差异与开花成熟有着密切的关系。

（三）土壤

豌豆适宜在中性或微碱性土壤中生长，根瘤菌适应碱性能力较强，在pH为8.8的土壤中还能生长，但在酸性土壤中发育不良，或者受到抑制，严重时甚至死亡。一般适宜豌豆生长的土壤pH为5.5～8.5，最适pH为6～7.5。

豌豆对土壤的要求不是很严格，瘠薄的土壤也能种植，但要获得高产，则需要排水良好、深厚肥沃的土层。因此，豌豆地要经常增施有机肥，使土壤疏松，促进微生物活动，增强保水保肥能力，使水、肥、气、热相协调，达到稳产高产的目的。土壤有机质和有机肥，对增进豌豆氮、磷和碳素营养有重要的作用。

（四）温度

豌豆是耐寒作物，能在低温的情况下生长，在播种至幼苗期需要的温度较低，但在开花结荚期需要的温度较高。豌豆发芽最低温度为1～2℃，但难以出苗。一般要求出苗的最低温度为4～

6℃，在0℃时幼苗停止生长，在-8～-6℃将受冻害。出苗至现蕾最适温度为6～16℃。开花最低温度为8～12℃，最适温度为16～22℃。低于8℃、高于26℃，开花会受到影响，在-3℃便受冻害，将造成不实花增多。结荚最适温度为20～25℃，最低温度为12～13℃。在低温多湿的情况下，开花至成熟的时间会延长。若温度过高，则提早成熟，糖分含量降低，产量和品质受到影响。豌豆发芽至成熟需积温1 700～2 800℃。有些品种在生长初期需积温较多，也有一些品种从开花至成熟需积温较多。

（五）养分的吸收和矿质营养

1. 光合产物　即豌豆光合作用的产物。叶片在充分长大时即达到最大的光合强度，以后强度渐弱，速度稍快于叶绿素的减少。另外，呼吸强度随着叶龄增加而逐步减弱。豌豆幼苗初期营养叶的光合强度升高与下降为期较短，但是开花时的小叶能保持接近最大强度的光合作用达20天左右。这种小叶为发育中的荚果提供营养，它们的叶绿素和储藏蛋白质的减少也较慢。摘去种子和果荚的试验证明，由于成长着的种子存在而促进了叶片功能期的延长。

豌豆新生叶片单位面积同化二氧化碳的最大速率，在不同品种之间有显著的不同，但相同品种内着生在茎的不同部位的叶片之间没有差异。茎和叶柄的光合与呼吸强度尚有待研究，托叶的光合作用同其姊妹小叶一样有效。在大气二氧化碳浓度和饱和光强（1.76万勒克斯）之下，净光合率的最适温度为25～35℃。在18～40℃范围内，新梢的暗呼吸随温度上升而稳定地增强，因此在夜间低温条件下，生长的新梢能非常有效地保存碳素。

2. 豌豆矿物营养及养分吸收特点　豌豆需要多种矿质营养元素，氮、磷、钾、钙需要量最多，其次是镁、铁、硫，微量元素有硼、锰、铜、钼、锌、钴、氯等。

（1）豌豆的氮素营养。豌豆种子中蛋白质含量在24%左右，氮素是构成蛋白质的基础物质，是原生质和酶的主要组成部分。

所以，氮素在豌豆植株各器官中的含量也比较高，籽粒含4.5%、秸秆含1.04%～1.4%、鲜茎干部分含0.65%。籽粒和根瘤中含氮量最高。豌豆开花结荚期是需氮最多的时期，从开花到成熟还需要吸收66%的氮素，这个时期氮素供给的多少与干物质的积累成正相关，植株获得氮素多，则干物质的积累量也多，就能为豌豆生长发育、提高产量提供物质基础。

豌豆生有根瘤，根瘤中着生着根瘤菌，能固定空气中的游离氮素，可供给植株1/3～1/2的氮素，是豌豆植株构成中极其重要的氮给源，同时豌豆也从土壤中吸收氮素。豌豆根系发达，根瘤多而大，固定的氮素多，植株生长繁茂、健壮而不徒长，产量就高。豌豆从土壤中吸收的氮素，来自土壤中原有的氮素和施入的有机肥与氮素化肥。豌豆施肥要注意以下3点：一是重视有机肥的施用，腐熟有机肥中的氮肥有利于豌豆缓慢持续地吸收利用；二是在土壤肥力低和早熟品种营养生长期较短的情况下，为了达到壮苗早发，保证豌豆正常生长发育的要求，需要在底肥中施用少量氮素化肥；三是豌豆植株积累氮素最多、最快的时期是在开花结荚时期，虽然这一时期豌豆的自身固氮能力强，但是一般情况下，通过自身固氮仍不能满足氮素的需要，因此，抓住开花结荚时期追肥，对提高产量很重要。

（2）豌豆的磷素营养。磷素在豌豆生长发育过程中起着十分重要的作用，有机物质的转化和运输，往往要经过磷酸化的中间过程才能得以顺利进行。磷素是形成细胞核蛋白、卵磷脂等物质的重要组成元素，磷素在豌豆种子中的含量比较高。由于磷素在物质代谢过程中具有很大的活性，容易从植株的老化部分转移到新生组织中而再利用。所以，在磷素供应严重不足时，缺磷症状在老叶上首先出现。

磷素对于豌豆生长发育的效用常常比氮素更为明显，磷素既有利于营养生长的正常进行，还能促进生殖生长。有促进植株根系发达、根瘤发育、枝叶繁茂、积累较多的干物质，以及加速花、荚、粒发育的作用，还有增强抗旱、抗寒能力的作用。在磷素供应较充足的条件下，豌豆吸磷高峰出现在开花结荚期，从开花到成熟，需吸收 70%的磷素。

豌豆施磷的效应是比较明显的，但在不同的土壤中其效应却表现不同，这与土壤中有效磷含量高低有密切的关系。当 100 克干土中有效磷含量低于 15 毫克时，豌豆施磷就有增产效果，土壤中有效磷含量越低，施用磷肥的增产作用也就越大。

（3）豌豆的钾、钙素营养。钾素在豌豆植株中的含量以幼苗、生长点及叶片中较高。豌豆植株对钾素的吸收主要在幼苗期至开花结荚期，各约占吸收总量的 60%和 23%，后期则是茎、叶中的钾素向荚、粒中转移，茎、叶中的钾素向籽粒中转移往往很快。

钾素具有促进光合作用以及活化酶类的能力，有利于碳水化合物、脂肪和蛋白质的合成，能提高豌豆产量和改善豌豆品质，能增加细胞中的含糖量，提高豌豆的抗寒力，还能增强细胞吸持水分的能力，有利于抗旱。在豌豆幼苗期，钾素有加速营养生长的作用。在生长盛期，钾素和磷素配合可加速物质转化，增强植株的组织结构。在结荚成熟期，钾素能够促进可塑性物质的合成及向籽粒中转移，促进含氮化合物进一步转化为种子中的蛋白质。

钙素是豌豆营养中的重要灰分元素之一，成长的植株钙素多储存于老龄叶片中。钙素的作用在于促进生长点细胞分裂，加速幼嫩部分的生长。钙素能与蛋白质合成过程中所产生的草酸发生反应，生成草酸钙而沉淀，可免除草酸过多的毒害作用。在酸性土壤中施用适量石灰可以调节土壤酸碱度，使之适合豌豆生长及根瘤菌的繁殖活动。根瘤的形成和共生固氮作用，要求较高浓度的钙素营养，如果钙素不足，则影响生物固氮，致使产量不高。

3. 微量元素 豌豆生长所需要的微量元素肥料主要有镁、锰、钼、锌、铜、硼等，虽然这些元素在豌豆植株中的含量很低，但是对各项生理功能的作用却极为重要。微量元素有促进豌豆生长发育、增加产量和改良品质的作用。

钼对豌豆生理功能有多方面的促进作用，能够促进根瘤的形成与生长，使根瘤数量增多、体积增大、固氮量提高；施钼可增加豌豆各组织的含氮量，提高蛋白氮与非蛋白氮的比例，还可提高叶片中的叶绿素含量；钼能促进豌豆植株对磷的吸收、分配和转化，能增强豌豆种子的呼吸强度，提高种子的发芽势和发芽力。由于钼对豌豆生理功能具有多方面的作用，因此在豌豆的生长发育过程中，能促进种子萌发，增加株高、节数和干物质量，能使豌豆提前开花、结荚和成熟，对增加荚数、每荚粒数和百粒重等方面，都有良好作用。常用的微量元素肥料有钼酸铵，钼酸铵对豌豆的增产效果因土壤不同而异，在碱性条件下，一些钼的氧化物即转化为水溶性的钼；在酸性条件下，有效态的钼（如钼酸根离子）或者被土壤中的活性铁、铝、锰所固定，或者被土壤中的黏土矿物和胶体所吸附，从而含量减少。施钼效果好的土壤：一是含钼量较低的黄土母质、蛇纹石、石英岩风化物发育的土壤，即酸性有机质土壤；二是酸性土壤（pH 小于6），如沙性黄壤、红壤、砖红壤、赤红壤等；三是含钼量很低的中性或石灰性土壤，尤其是易受旱的石灰性土壤，施钼肥效果更好。

豌豆对硼比较敏感，硼参与分生组织的分化，促进花粉萌发，促使花粉管迅速进入子房，因而硼的存在有利于种子的形成，对根系发育、根瘤形成、固氮能力的提高也有重要的作用。在苗期、花期根外喷施硼肥有明显的增产效果。在碱性土、大量施用过石灰的土壤、有机质含量低的土壤、淋溶现象严重的酸性土壤中，尤其是易缺硼的沙性土壤，施用硼肥效果很好。

在豌豆生长发育过程中，对锰的需要量比其他粮食作物多。锰与各种酶的活性有关，对同化物质的合成、分解、呼吸等有广泛的作用。锰是维持植物体内代谢平衡不可缺少的催化物质，能加快光合作用的速度，调节体内的氧化还原反应。因此，施用锰肥对株高、分枝、根瘤数目和根瘤的增大，以及根的重量、耕层土壤中含氮量有正向促进作用。

豌豆对铜很敏感。铜是各种氧化酶活化基的核心元素，在催化氧化还原反应方面起着重要作用，能促进叶绿素形成和蛋白质合成，且能提高其呼吸作用强度。缺铜土壤同时也缺硼，在这种土壤上施用铜有良好的效果。

第三节　豌豆的类型与品种

一、豌豆的类型

按照植物学特征分类，我国豌豆通常分为蔬菜豌豆和谷实豌豆。蔬菜豌豆又称白花豌豆。花白色，籽实球形，有黄色、白色或微绿蓝色，皮皱不平滑，含糖分较多，多作蔬菜、罐头或采收嫩荚用。植株较柔弱，易遭霜害。我国长江流域以及南方种植蔬菜豌豆较多。谷实豌豆又称紫花豌豆，花紫色，也有红色或灰蓝色，籽粒呈灰白色、淡红色、灰黄色、灰褐色等，或灰中带有各种颜色的斑点，籽粒多平滑无皱裂，植株较高大，能耐霜寒及抵抗不良环境，籽粒品质稍差，可供人类食用或用作家畜饲料。我国长江以北及西北地区种植谷实豌豆较多。

按照农艺性状分类，蔬菜豌豆可分为硬荚和软荚 2 种；谷实豌豆多为硬荚。按照种子性状分类，可分为圆粒种、皱缩种和凹入种 3 类。按照生长习性分类，可分为蔓生型、半蔓生型、矮生 3 类。按照熟期分类，可分为早熟、中熟、晚熟 3 类。按照籽粒大小分类，可分为大粒、中粒、小粒 3 类。

二、豌豆的优良品种

1. 中豌 6 号　由中国农业科学院以中豌 4 号为母本、4511 豌豆为父本杂交选育而成，为早熟、菜饲两用型豌豆品种。矮生直立，适合间套种。株高 40～50 厘米，茎叶深绿色，白花，硬荚。春播分枝少，一般单株荚果 5～8 个。干豌豆为浅绿色，百粒重 25 克左右。鲜青豆百粒重 52 克左右，青豆出仁率 47.8%。

从出苗至成熟66天左右，较浙江慈溪豌豆早熟7～20天。生长势强，抗寒、耐旱。苗期需水较少，现蕾开花到结荚鼓粒期需水较多。对温度适应范围较广，喜冷凉湿润气候，幼苗较耐寒，但花及幼苗易受冻害，生长期适温为15～18℃，结荚需20℃。若遇高温，会加速种子成熟，降低产量和品质。

对土壤要求不严，但以有机质多，排水良好，并富含磷、钾和钙的土壤为宜。适宜的土壤pH为6～7.5。土壤过酸，则根瘤难形成，生长不好。该品种在中等肥力、条件良好的情况下，籽粒亩产150～200千克，高者达240千克以上。青豌豆荚亩产700～800千克，前期青豌豆荚产量约占总产量的50%。籽粒风干物中含粗蛋白质24%左右，品质优良，商品性好。

2. 中豌11 由大田种植的中豌6号变异株系统选育而成，为干籽粒型豌豆常规种。株高45～50厘米，茎叶深绿色，白花，硬荚。单株荚果8～15个，荚长7～9厘米，荚宽1.4厘米，单荚8～9粒。节间短，前期青荚产量高，占总产量50%左右，荚果大而饱满。干豌豆浅绿色，百粒重26克左右。粗蛋白含量为24.3%，粗淀粉含量为42.53%，糖含量为13.53%，脂肪含量为2.30%，粗纤维含量为8.36%。抗白粉病，中抗锈病、根腐病、霜霉病。幼苗较耐寒。第一生长周期亩产305千克，比对照品种中豌6号增产19.6%；第二生长周期亩产310千克，比对照品种中豌6号增产21.5%。该品种适于北方春播，南方冬播。

3. 皖豌1号 由安徽省农业科学院作物研究所选育而成，2012年通过安徽省非主要农作物品种鉴定，属早中熟普通株型品种。该品种鲜食口感好、粒型紧凑饱满、抗倒伏、高产、抗白粉病。平均每亩鲜食青豌豆籽粒产量410千克。本品种鲜食生育期比对照品种中豌6号晚熟1～2天。田间综合抗性表现较好，鲜食籽粒饱满、呈青绿色、商品性好，适于安徽种植。

4. 闽甜豌1号 由福建省农业科学院植物保护研究所选育而成。中熟，主蔓始花节位在第13节左右，从播种到始收生育期在80天左右。半蔓生，主蔓长85～125厘米，主蔓31～36节，分枝2～3个。花白色，双花率高。单株荚数23～30个。豆荚扁圆形，荚翠绿色，长7～9厘米，宽1.1～1.3厘米，厚1.0～1.2厘米，单荚重6.5克左右。豆荚清香、味甜，食味品质优。每荚含籽粒4～6粒，籽粒翠绿色、圆形、饱满。成熟种子绿色，皱缩，百粒重20克左右。经福建省农业科学院品质检测，每100克鲜样含维生素C 57.7毫克、水分88.6克、蔗糖2.0克、还原糖2.3克、蛋白质2.55克、粗纤维0.9克。经福建省农业科学院植物保护研究所田间病虫害调查，结荚期叶褐斑病轻度发生；虫害有斑潜蝇和蚜虫，斑潜蝇危害较为普遍。一般亩产青荚800～1 000千克，适于福建冬季种植。

5. 苏豌8号　由江苏省农业科学院蔬菜研究所以早熟的矮生直立豌豆品种中豌6号为母本、矮生早熟大粒甜豌豆品种S4008为父本，经过杂交和系统选育而成。该品种具有早熟、高产、抗病等优点。荚长6.63厘米、宽1.90厘米，百荚鲜质量1 011.1克，鲜籽百粒重52.0克，鲜籽粒浅绿色，口感柔糯；抗寒性较好，中抗白粉病；一般亩产鲜荚约800千克，适合江苏及相邻地区作保护地或露地栽培种植。

6. 浙豌1号　由浙江省农业科学院蔬菜研究所选育而成。2005年通过浙江省农作物认定委员会认定。植株蔓生，株高约110厘米，主侧蔓均可结荚，每株3～5蔓，单株结20～25荚。播种至鲜荚采收135～140天，比对照品种中豌6号晚10天左右。品质佳，耐储运，适宜鲜食和速冻加工。一般在11月上中旬播种，田间生长整齐一致，长势较强，产量高，豆荚、豆粒大，品质、抗性和适应性均较好。鲜荚平均亩产1 000千克以上，适宜浙江种植。

7. 成豌10号　由四川省农业科学院作物研究所选育而成，为干、鲜兼用型品种。平均株高66.2厘米，有效分枝4.0个，小叶数4～6片，叶绿色，花白色；平均单株结荚13.4个，每荚5.4

粒种子；成熟荚为黄色，硬荚型；种子为球形，种皮白色，种脐白色，百粒重 17.3 克。经农业农村部食品质量监督检验测试中心（成都）检测，籽粒粗蛋白含量 23.3%、总淀粉含量 39.7%。田间表现耐白粉病、茎腐病，抗旱性强，耐寒性中等。干籽亩产 150 千克左右，以 10 月底至 11 月初播种为宜，肥土宜迟，瘦土宜早，丘陵宜早，平坝宜迟。种植密度为每亩植 4 000～5 000 穴，每穴播种 4～5 粒，每亩植 12 000～15 000 株。

第四节　豌豆栽培技术

一、豌豆的栽培模式

浙北地区的豌豆栽培多以冬播、收获嫩荚为主，为延长豌豆的播种、采收季节，做到平衡上市，满足市场需求，推行多种种植模式发展豌豆生产。主要栽培模式如下。

1. 秋播越冬栽培技术　10 月中下旬至 11 月上旬播种，翌年 4 月上中旬收获。

2. 春化处理促早秋播技术　7 月底至 8 月初经过人工低温春化处理后，8 月中旬移栽入大田，9 月中下旬至 11 月初收获。

3. 大棚春化促早栽培技术　8 月底至 9 月中下旬经过人工低温春化处理后，9 月中下旬至 10 月中旬转入大棚内栽培，11 月中下旬至 12 月初收获。

4. 间作套种技术　冬豌豆可与大白菜、芹菜间作，大棚春化豌豆可与秋冬季花生、草莓间作，冬豌豆可与玉米、甘薯轮作。

二、豌豆的秋播越冬栽培技术

1. 品种选择　一般在 10 月中下旬至 11 月上旬播种，豌豆播种出苗后即进入冬季低温时期，苗期有 2 个多月的缓慢生长期，应选择冬性较强的品种，保证苗期有较强的抗冻性，越冬后幼苗的恢复力较强，宜选择浙豌1号等蔓生豌豆品种。

2. 整地 豌豆忌连作，需实行3～4年轮作。整地前施足基肥，可使豌豆生长健旺，开花、结荚多。每亩施农家肥2～4吨、过磷酸钙20～30千克、硫酸钾7～10千克。之后，根据前作和间作、套种情况进行翻耕或旋耕，开沟作畦、起垄，畦宽和沟深根据地块的给排水条件和间作、套种种植结构而定，一般沟深20～30厘米、畦宽1～3米。

3. 种子精选及处理 精选无病斑、无破损、籽粒饱满的种子，播种前晒种1～2天。用钼酸铵和杀菌剂浸种或拌种，购买种子公司生产包装的标准化包衣种子，不需要进行种子处理。

4. 播种期及播种方法 浙北地区10月中下旬至11月上旬播种，过早播种，植株过嫩易受寒害；延迟播种，由于前期生育期短，影响豌豆产量和品质。

平畦穴播或条播，低湿地垄种。矮生种，行距25～40厘米，穴距15～20厘米，条播株距5～8厘米；半蔓生种，行距40～50厘米，穴距20厘米左右；蔓生种，穴播行距50～60厘米、穴距20～30厘米，条播株距10～15厘米。生长旺盛和分枝多的品种，行距加宽到70～90厘米。干旱时开沟浇水播种，以保证发芽所需的水分。豌豆子叶不出土，可播深些，一般覆土3～4厘米。

5. 管理 苗期易生杂草，齐苗后应中耕2～3次。若基肥中氮素不足，到苗高7～9厘米时，可追施尿素5千克，促进幼苗健壮生长和根系扩大，早生大分枝，增加花数和提高结荚率。第二次中耕时进行培土，护根防寒，以利于幼苗安全越冬。早春返青后再中耕1～2次，并疏去生长不良或过密的幼苗。支架前进行最后1次中耕，同时浇水、追肥1次，每亩施三元（N∶P∶K=15∶15∶15）含硫复合肥20～30千克、过磷酸钙10～15千克，冲施或沟施。坐荚后，每亩施尿素5～10千克，结荚期叶面喷施0.2%～0.3%磷酸二氢钾液或0.03%～0.05%硼酸液各1次。也可在开花前、采收前和采收期结合浇水各追施1次轻肥，施 2 次复合肥，每亩每次 5～10 千克，施 1 次尿素，每亩 5.0～7.5 千克。

苗期以中耕保墒为主，一般不浇水。抽蔓开花时开始浇水，干旱时可提前浇水。坐荚后 1 周左右浇 1 次水，以保持土壤湿润，浇 2～3 次水后即可采收。多雨时要注意排水防涝。

蔓生品种的茎不能直立，生长期间需要支架。蔓长 30 厘米左右或在抽蔓前支架，架须牢固，防止中途倒塌。同行的架材间用铁丝或尼龙绳横绑连接，距地面 30 厘米处绑第一道，以后随茎蔓生长，每 20 厘米左右绑 1 道，共绑 4 道，拦住豌豆茎蔓并加固支架。也可支篱架，每 15～17 厘米横绑 1 道。如果种植过密或分枝过多，绑蔓时可适当疏枝。半蔓性品种仅需支较矮的简易篱架，只横绑 1～2 道。

6. 收获 软荚种在开花后 12～15 天，豆荚已充分长大、厚约 0.5 厘米，豆粒尚未发育时采收嫩荚。若采收过迟，则籽粒膨大，豆荚老化，品质下降，而且易使植株早衰。可分 3～4 次收完。硬荚种在谢花后 15～18 天，荚色由深绿色变淡绿色，荚面露出网状纤维，豆粒明显鼓起而种皮尚未变硬时采收豆荚、剥食豆粒。早收，品质虽佳，但产量低；迟收，豆粒中糖分和可溶性氮素减少，维生素 C 的含量迅速下降，淀粉和蛋白质增多，豆粒的风味和品质变差。可分 2～3 次收完。采摘时要细心，以免折断花序和茎蔓。收获的产品放阴凉通风处，及时上市或加工，防止受热后品质降低。干豆粒在开花后 40～50 天采收。

三、豌豆春化处理促早秋播技术

1. 种子精选及处理 精选大小一致、豆粒大、无虫蛀、无病斑、无破损、籽粒饱满的种子，播种前晒种 1～2 天。用钼酸铵和杀菌剂浸种或拌种，购买种子公司生产包装的标准化包衣种子，不需要进行种子处理。

2. 品种选择 在 7 月底至 8 月初进行春化处理，宜选择浙豌2号、中豌6号等适合当地栽培的矮生型豌豆品种。

3. 浸种催芽 常温下浸种12小时左右，浸种时间根据室温高低不同而异，温度高则浸种时间短。选择浸泡充分的种子在20℃光照培养箱内催芽，根据品种特性，一般在7天左右、芽长到1.5厘米左右时，开始进行春化处理。

4. 春化处理 将豆芽在2～4℃低温环境中进行12天左右处理，采用16小时光照/8小时黑暗处理，保持湿润。将低温处理后的豆芽置于室温环境下炼芽1～2天。

5. 移栽 选择轮作3年以上没有种过豆科作物的大棚。移栽前半个月整地，每亩施农家肥2～4吨、过磷酸钙20～30千克、硫酸钾7～10千克，之后根据前作和间作、套种情况进行翻耕或旋耕，开沟作畦、起垄，畦宽和沟深根据地块的给排水条件和间作、套种种植结构而定。秋季土壤干燥，及时灌水，保持土壤湿润。同时，在行间播种备苗以防缺苗。

其他管理及采收见秋播越冬栽培技术。

四、豌豆大棚春化促早栽培技术

1. 种子精选及处理 精选大小一致、豆粒大、无虫蛀、无病斑、无破损、籽粒饱满的种子，播种前晒种1～2天。用钼酸铵和杀菌剂浸种或拌种，购买种子公司生产包装的标准化包衣种子，不需要进行种子处理。

2. 品种选择 在9月上旬至10月上旬进行春化处理，宜选择中豌6号系列及浙豌1号等适合当地栽培的矮生型、半蔓生型豌豆品种。

3. 浸种催芽 常温下浸种24小时左右，浸种时间根据室温高低不同而异，温度高则浸种时间短。选择浸泡充分的种子在20℃光照培养箱内催芽，根据品种特性，一般在7天左右、芽长到1.5厘米左右时，开始进行春化处理。

4. 春化处理 将豆芽在2～4℃低温环境中进行12天左右处

理，采用 16 小时光照/8 小时光暗处理，保持湿润。将低温处理后的豆芽置于室温环境炼芽 1～2 天。

5. 移栽 选择轮作 3 年以上没有种过豆科作物的大棚。移栽前半个月整地，每亩施农家肥 2～4 吨、过磷酸钙 20～30 千克、硫酸钾 7～10 千克，之后根据前作和间作、套种情况进行翻耕或旋耕，开沟作畦、起垄，畦宽和沟深根据地块的给排水条件和间作、套种种植结构而定。秋季土壤干燥，及时灌水，保持土壤湿润。同时，在行间播种备苗以防缺苗。

6. 管理

（1）大棚盖膜。开花结荚期最适温度为 16～22℃。豌豆经过春化处理后，抗低温能力减弱，开花结荚期注意防冻。11 月中旬，昼夜温差大，当最低气温低于 12℃时，大棚内先搭建内棚，覆盖内棚膜，昼揭夜盖，防止夜间“暗霜”；12 月上旬，当最低气温降低到 1～2℃或 0℃，及时覆盖大棚膜，围上裙膜，关棚保温，保持棚内温度在 15℃以上，确保豌豆荚膨大，防止“僵荚”，降低产量；中午前后 3 小时棚温升高时，开棚通风；翌年 3 月最低温度超过 10℃时，逐步拆除内棚、裙膜进行通风；当最高温度超过 30℃，及时开棚通风降温，防止高温逼熟、植株早衰。

（2）及时灌水。豆荚膨大期，急需水分供应，根据土壤墒情，采用膜下滴灌进行灌水，可保持土壤湿润状态，促使豆荚膨大。

（3）采摘。12 月上中旬至翌年 1 月上中旬可采摘上市，当软荚种豆荚已充分长大、厚约 0.5 厘米、豆粒尚未发育时，采收嫩荚。当硬荚种荚色由深绿色变淡绿色、荚面露出网状纤维、豆粒明显鼓起而种皮尚未变硬时，及时采收。可分 2～3 次收完，4 月初前采收完毕。

第五章 豆类蔬菜病虫草害及其防治技术

第一节　豆类蔬菜主要病害及其防治技术

豆类蔬菜包括鲜食大豆、鲜食花生、蚕豆、豌豆、菜豆等多种作物。病害种类多，露地发生最普遍的有锈病、炭疽病、枯萎病、花叶病、褐斑病、白绢病、角斑病和细菌性疫病等，在南方和多雨年份常发流行，保护地则以菌核病和灰霉病危害较重。

一、锈病

1. 病害症状　锈病主要危害叶片，严重时茎、蔓、叶柄及荚均可受害。发病初期在叶片上产生黄白色稍突起的小斑点，后表皮破裂，散出红褐色粉米，即病菌的夏孢子。夏孢子堆通常着生在叶片背面，周围有黄晕，在叶面上有褪绿斑点。严重时也可在叶正面发生。发病后期，病部产生黑褐色冬孢子堆。

2. 病原　疣顶单孢锈菌，属担子菌亚门真菌。

3. 发病规律　病菌以冬孢子在病残体上越冬，或以菌丝体及夏孢子在棚室内的菜豆上越冬。当条件适宜时，萌发产生担子或担孢子。担孢子靠气流传播到叶片上，萌发后侵入寄主。叶片发病后，产生夏孢子，进行重复侵染。在整个生长期，都是由夏孢子在田间进行传播，造成锈病不断扩展蔓延和流行。高湿是导致锈病流行的主要因素。发病的适宜温度是15～24℃，叶面的水滴是病菌萌发和侵入的必要条件。

4. 病害防治

（1）选种抗病品种。

（2）加强栽培管理，深耕高畦，合理施肥，提高植株抗性。

（3）药剂防治。发病初期及时喷施10%苯醚甲环唑水分散粒剂1 000～1 500倍液，或40%氟硅唑乳油6 000倍液，或70%代森锰锌可湿性粉剂500～600倍液，50%多菌灵粉剂600倍液或25%粉锈灵可湿性粉剂2 000倍液。每7～10天防治1次，连续防治3次。

二、炭疽病

1. 病害症状　幼苗发病时，子叶出现红褐色近圆形病斑。叶片发病时，病斑沿叶脉开始出现，初呈褐色或黑褐色多角形网状斑。幼茎发病时，最初生成许多锈色小斑点，茎伸长后，病斑扩大变成短条锈病，常使幼苗折断枯死。茎上病斑初呈褐色，后呈稍凹陷小点，扩大后呈圆形或近圆形，边缘稍隆起，四周常具有红褐色或紫色晕环。湿度大时，中间凹陷处溢出粉红色黏稠物，内含大量分生孢子。种子染病时，出现黄褐色的大凹陷斑。

2. 病原　子囊菌，属半知菌亚门真菌。

3. 发病规律　病菌主要以菌丝体潜伏在种子的种皮下越冬。播种带菌种子，当幼苗长出后，幼苗子叶和幼茎先受侵染，产出分生孢子，借气流、雨水、昆虫和农事操作进行重复侵染。该病的潜育期为4～7天。当温度为17℃、相对湿度为100%时，有利于发病。当温度低于13℃、高于27℃，相对湿度低于92%时，则发病少。该病在多雨、多露、多雾或种植过密、土壤黏性重的条件下都易于发病。

4. 病害防治

（1）选用抗病品种，实行种子处理。可用种子重量0.4%的50%多菌灵可湿性粉剂，50%福美双可湿性粉剂，绿亨1号、绿亨4号（育苗壮）、绿亨8号等药剂拌种。

（2）加强管理，实行与非豆科作物 2～3 年的轮作。

（3）采取高畦地膜覆盖栽培，雨季加强排水、降低田间湿度。

（4）药剂防治。开花后，发病初期开始喷药，可选用下列杀菌剂：50％硫菌灵可湿性粉剂 800 倍液＋75％百菌清可湿性粉剂 800 倍液；50％多菌灵可湿性粉剂 700 倍液，或 70％代森锰锌可湿性粉剂 700 倍液，或 80％代森铵可湿性粉剂 500 倍液，每 7～10 天喷药 1 次，连续喷药 2～3 次。

三、枯萎病

1. 病害症状　枯萎病多在开花期开始时在田间出现。初发病时，病株嫩叶最先萎蔫变褐，成龄叶叶脉变褐或临近叶脉组织褪绿变黄，最后整个叶片枯黄脱落，病株地下部根系发育不良，侧根少，易拔起。发病中后期，剖开病茎可见维管束呈黄色至黑褐色。植株结荚大量减少，其背部腹缝线逐渐变为黄褐色。进入花期后，病株大量枯死。

2. 病原　尖孢镰刀菌，属半知菌亚门真菌。

3. 发病规律　枯萎病病菌大多属于土壤习居菌，菌丝体和厚垣孢子在土壤中或带菌肥料中越冬，病菌的腐生性很强，可存活 5～6 年。在生长季节，病菌从根部的伤口、自然裂口或根毛顶端细胞侵入，在寄主表皮及皮下组织内向扩展，继而进入维管束组织，在导管内生长发育，阻塞导管并产生毒素，干扰寄主的代谢作用和水分的正常输送，因而出现植株萎蔫。该病发生的适宜温度为 24～28℃，适宜相对湿度为 70％以上。连作会增加土壤的含菌量，不仅发病早，而且发病重。高温高湿容易发病，土壤湿度越大，发病越严重。如果土壤含水量低于 30％，即使被病菌侵染，也不表现症状或轻微表现症状。

4. 病害防治

（1）选用抗病品种，并对种子进行消毒处理。用种子重量 0.5％的 50％多菌灵可湿性粉剂拌种。

（2）实行3～4年的轮作。

（3）加强田间管理。采用高畦栽培，防止雨后渍水。增施有机肥及磷、钾肥，增强植株抗性。

（4）药剂防治。发病初期，选用50%多菌灵可湿性粉剂500倍液，或50%甲基硫菌灵可湿性粉剂500倍液，或10%混合氨基酸络合铜水剂250倍液等灌根或喷雾。每7～10天防治1次，连续防治2～3次。

四、花叶病

1. 病害症状 不同品种的豆类蔬菜，其花叶病病株症状差异很大，有些品种根本不表现症状。感病品种常见的症状是出现明脉、斑驳或绿色部分凹凸不平，叶皱缩，叶质变硬。有些品种叶片扭曲畸形，植株矮缩，开花迟缓或落花。豆荚症状不明显，荚略短，有时出现黄绿色斑点。

2. 病原 主要有3种：普通花叶病毒、黄花叶病毒和黄瓜花叶病毒。

3. 发病规律 病毒来源有各种不同的情况，植物病毒是细胞内专性寄生物，不能在植物体外或植物残体内长期存在。但在越冬作物体内存在的场所有多种，如无性繁殖器官内（块茎、鳞茎和块根）、多年生杂草寄主的根部和田间越冬作物体内、病株及种子内、土壤和病残体内、昆虫体内等。病毒必须从伤口侵入，其传染途径主要有蚜虫及汁液、接触传染。

普通花叶病毒引起的花叶病主要靠种子传毒，此外可通过桃蚜、菜缢管蚜、棉蚜和豆蚜等传毒；黄花叶病毒和黄瓜花叶病毒初侵染源，主要来自越冬寄主，在田间也可通过桃蚜和棉蚜传播。花叶病受环境条件影响：26℃以上高温时，多表现重型花叶、矮化或卷叶；18℃时病症轻，只表现轻微花叶；20～25℃有利于发病；光照时间长或光照度大，症状尤为明显；土壤中缺肥，植株生长期干旱发病重。

4. 病害防治

（1）建立无病留种田，选用无病种子。

（2）早期拔除病株，及时喷洒杀虫剂，防治蚜虫、粉虱等害虫，以防传毒。

（3）加强田间管理，增施基肥，适时适量浇水，调节小气候，增强植株抗病性。

（4）发病初期开始喷洒 1.5％植病灵 2 号乳剂 1 000 倍液，或 0.5％菇类蛋白多糖水剂 300 倍液，或 20％吗胍·乙酸铜可湿性粉剂 500 倍液。每 7～10 天喷药 1 次，连续喷药 2～3 次。

五、褐斑病

1. 病害症状 褐斑病，又称轮纹病，主要危害叶片。叶片上产生褐色、圆形病斑，周缘分明，直径 4～10 毫米，中间赤褐色，有明显轮纹。潮湿时，叶背病斑产生灰色霉层或小黑点，即分生孢子或分生孢子器。

2. 病原 小豆壳二孢菌，属半知菌亚门真菌。

3. 发病规律 病菌主要以菌丝体和分生孢子器随病叶组织在地面上越冬或越夏。翌年产生分生孢子，经气流、雨水溅射传播，进行初侵染和再侵染。高温高湿或过度密植，均有利于发病。此外，偏施氮肥植株长势过旺，或施肥不足植株长势衰弱，会导致寄主抗病力下降，发病重。

4. 病害防治

（1）收获后及时收集病残物烧毁。

（2）实行轮作，增施磷、钾肥，高畦种植，雨后及时排水，降低田间湿度。

（3）药剂防治。开花初期用 75％百菌清可湿性粉剂 600 倍液，或 70％甲基硫菌灵可湿性粉剂 800 倍液，或 70％代森锰锌可湿性粉剂 500 倍液等喷药防治。每 10 天左右喷药 1 次，连续喷药 2～3 次。

六、白绢病

1. 病害症状 豆荚或基部初现辐射状扩展的白色绢丝状菌丝体，受害株茎基部表皮腐烂，表面密生菜籽状菌核，终至植株萎蔫死亡。

2. 病原 齐整小核菌，属半知菌亚门真菌。

3. 发病规律 病菌主要以菌核在土壤中越冬，且存活期较长，可达5～8年，甚至更长。除危害菜豆、豇豆外，还可危害辣椒、番茄等蔬菜。病菌在田间主要通过灌水、降水、肥料及农事操作等传播、蔓延。菜地湿度大、栽植过密、通透性差、偏施氮肥，则病害发生重。

4. 病害防治

（1）在发病初期拔除病株，并在病穴里撒施石灰消毒，以防止病害蔓延。

（2）每亩施用石灰50～100千克，将土壤酸碱度调为中性或微碱性。

（3）增施腐熟的有机肥，可减轻病害。

（4）药剂防治。发病初期，用50％硫黄·甲硫灵悬浮剂或50％甲基硫菌灵可湿性粉剂500倍液，或20％三唑酮乳油2 000倍液，喷洒于植株基部及周围。1周后再喷1次。此外，可用20％甲基立枯磷乳油兑水稀释后在发病初期灌穴淋施，每15～20天再用1次。

七、角斑病

1. 病害症状 主要在花期后发病，危害叶片，产生多角形黄褐色斑，后变紫褐色，叶背簇生紫色霉层。严重时侵害荚果，病荚上出现直径1厘米左右的霉斑，斑中央黑色，边缘呈紫褐色，后期密生灰紫色霉层，严重时可使种子霉烂。

2. 病原 灰拟棒束孢菌，属半知菌亚门真菌。

3. 发病规律　病原菌以菌丝块和分生孢子在种子上越冬，成为翌年初侵染源。生长季危害叶片，并产生孢子进行再侵染，扩大危害。

4. 病害防治

（1）选无病种株留种，或播种前用45℃温水浸种10分钟进行种子消毒。

（2）深耕土地，轮作倒茬。

（3）发病初期，喷洒77%氢氧化铜可湿性粉剂600倍液或64%噁霜·锰锌可湿性粉剂600倍液。每7～10天喷洒1次，喷洒1～2次。

八、细菌性疫病

1. 病害症状　病症多从叶尖或叶缘开始，初呈暗绿色油渍状小斑点，后扩大为不规则状，病部干枯变褐、半透明，周围有黄色晕圈。病部常溢出淡黄色菌脓，干后呈白色或黄色菌膜。重者叶上病斑很多，引起全叶枯凋，但暂不脱落，风吹雨打后，病叶破裂。在高温高湿环境下，部分病叶迅速萎凋变黑。茎蔓受害，茎上病斑呈红褐色溃疡状条斑，中央凹陷，当病部围茎1周时，上部枯死。豆荚病斑呈圆形或不规则形，红褐色，后为褐色，中央稍凹陷，常有淡黄色菌脓，病重时全荚皱缩。

2. 病原　油菜黄单胞杆菌，菜豆疫病致病型，属细菌。

3. 发病规律　病菌在种子内和地表的残体上越冬。种子内的细菌可存活2年以上，而病残体上的细菌，当病残体分解后即死亡，在土壤中不能长期存活。种子里的细菌是翌年病害的主要初侵染来源，并且可随种子的调运进行长距离传播。带菌的种子发芽后，病菌先侵害幼苗的子叶和生长点，产生菌脓，经风、雨和昆虫传播，从植株的水孔、气孔和伤口处侵入，从而发病。病害的发生蔓延与环境条件密切相关。细菌性疫病病菌喜高温高湿的气候条件，高温高湿有利于发病。病菌的侵入必须有水滴的存在，在此前提下，24～32℃均可发病，而且侵染率随湿度升高而增加，在温度升至36℃时，病害的发生受到抑制。此外，栽培管理不当、大水漫灌或肥力不足、偏施氮肥、植株长势差或徒长，发病均较重。

4. 病害防治

（1）实行3年水上轮作。

（2）选用无病种子，进行种子处理。用种子重量0.3％的50％福美双可湿性粉剂拌种。

（3）加强栽培管理。适时播种，合理密植，及时中耕除草，合理施肥、浇水、防虫。

（4）药剂防治。发病初期，可选用新植霉素、抗菌素401、30％琥胶肥酸铜可湿性粉剂500倍液、12％绿乳铜乳油600倍液喷洒。每7天喷洒1次，连喷2～3次。

九、大豆紫斑病

1. 病害症状 主要危害豆荚和豆粒，也可侵染叶和茎。茎秆染病形成长条状或梭形红褐色斑，严重时整个茎秆变成黑紫色；豆荚受害形成圆形或不规则形病斑，病斑较大，灰黑色，边缘不明显；豆粒受害，仅在种皮表现症状，不深入内部。

2. 病原 大豆紫斑病是由菊池尾孢引起的，发生在大豆上的病害。

3. 发病规律 病菌以菌丝体潜伏在种皮内，或以菌丝体和分生孢子在病残体上越冬，成为翌年的初侵染源。如播种带菌种子，病菌从种皮扩展到子叶，引起子叶发病并产生大量分生孢子，然后借风雨传播到叶片、豆荚和籽粒上进行再侵染。

4. 病害防治

（1）留种与种子处理。从无病留种株上采收种子，选用无病种子。引进商品种子在播前要做好种子处理，可用种子重量0.3％的50％福美双可湿性粉剂拌种，也可用2.5％适乐时悬浮种衣剂 10 毫升兑水 150～200 毫升，混匀后拌种 5～10 千克，包衣后播种。

（2）清洁田园与茬口轮作。收获后及时清除病残体，带出田外深埋或烧毁，并深翻土壤，加速病残体的腐烂分解。提倡与非大豆类豆科蔬菜隔年轮作，以减少田间病菌来源。

（3）加强田间管理。开好排水沟系，防止雨后积水引发病害。

（4）药剂防治。在叶发病初期和开花结荚期喷药，每 7～10 天防治 1 次，连续防治 2～3 次。药剂可选用 50%多菌灵可湿性粉剂 800 倍液，70%甲基硫菌灵可湿性粉剂 1 000 倍液等。

十、蚕豆赤斑病

1. 病害症状　蚕豆葡萄孢在蚕豆全生育期都可侵染从而引起发病。主要危害叶片，也侵染茎。叶片病斑中心棕褐色，边缘红褐色，直径 2～4 毫米；茎部病斑初为红色小点，后纵向扩展成条斑，长达数厘米，表皮破裂后形成裂痕；花器被侵染后，遍生棕褐色小点，严重时花冠变褐枯腐；病菌可以穿过荚皮侵染种子，使种皮上产生红色病斑。灰葡萄孢的侵染常常局限在花期，侵染后形成大型病斑，颜色略浅，病斑扩展迅速并常相连成片，使整个叶片变黑、坏死。

2. 病原　蚕豆葡萄孢和灰葡萄孢，属真菌。

（1）蚕豆葡萄孢。分生孢子梗淡褐色，（300～2 000）微米×（9～21）微米，主梗 1/3 处先端部位分枝，顶端略膨大，上生小梗，簇生分生孢子；分生孢子无色或灰色，单胞，卵圆形或近圆形，（11～25）微米×（8～23）微米。菌核黑色，椭圆形或不规则形，表面粗糙，大小（0.5～1.5）毫米×（0.2～0.7）毫米；有性态为子囊菌蚕豆葡萄孢盘菌。

（2）灰葡萄孢。分生孢子梗丛生，灰色，渐变为褐色，（1 000～3 000）微米×（11～24）微米；分生孢子卵形或近球形，(9～15) 微米×(6.5～10) 微米。有性态为子囊菌蚕豆葡萄孢盘菌。

3. 发病规律 病菌以菌核在土壤或病残体上越冬。菌核萌发产生分生孢子，首先侵染较易感病的老叶。在南方，病菌在秋末冬初侵染秋播蚕豆，在病株上越冬。在适宜条件下，病斑上产生大量分生孢子并借风雨传播侵染。当遇阴雨连绵天气时，病斑迅速扩大并相连成片，导致叶片变黑死亡并脱落，3～4 天全株枯死。剖开枯死茎部，可见黑色菌核。田间温度和湿度对赤斑病发生影响极大。病菌侵染适温为 20℃，饱和的空气湿度或寄主组织表面有水膜是病菌孢子萌发和侵染的必要条件。蚕豆进入开花期后，植株抗病力减弱，易被侵染并发病。秋播过早，常导致冬前发病重。田间植株密度高、排水不良、土壤缺素等都有利于赤斑病发生。连作地块由于土壤中病菌积累而发病重。

4. 病害防治

(1) 种植抗病品种。蚕豆不同品种对赤斑病存在明显的抗性差异，利用抗病品种是最有效的防治措施，但目前缺乏抗病性突出的品种。我国已筛选出一些中抗（发病轻）赤斑病的蚕豆品种或资源，这些材料主要来自长江中下游地区，如绿小粒种、小青豆、皂荚种、白皮 419、武进蚕豆、通研 1 号等。

(2) 栽培防治。在多阴雨的蚕豆种植区，采用高畦深沟栽培方式，保证雨后田间积水及时排除，降低土壤湿度；适当密植，保持植株间通风透光等栽培方式可以降低田间湿度，减轻病菌的侵染；控制氮肥，增施草木灰和磷、钾肥，增强植株抗病力；与禾本科作物轮作 2 年以上；田间收获后及时清除病残体，深埋或烧毁。

(3) 选用健康种子。被侵染的种子可以直接传播病害，因此选用无病种子可以减少田间病株，推迟发病；早熟品种也可通过躲避病害发生期而减轻损失。

(4) 药剂防治。用种子重量 0.3%的 50%多菌灵可湿性粉剂拌种能够控制早期病害。发病初期喷施 50%多菌灵可湿性粉剂

1 200～1 500 倍液，50%腐霉利可湿性粉剂 1 500～2 000 倍液，78%波·锰锌可湿性粉剂 600 倍液，80%代森锰锌可湿性粉剂 600～800 倍液，75%百菌清可湿性粉剂 500～800 倍液等。视病情发展情况，每 7～10 天防治 1 次，连续防治 2～3 次。

第二节　豆类蔬菜主要虫害及其防治技术

一、豆蚜

别名苜蓿蚜、花生蚜。

1. 危害特点　成虫和若虫刺吸嫩叶、嫩茎、花及豆荚的汁液，分泌蜜露诱发煤污病，造成叶片卷缩发黄、嫩头萎缩呈“龙头”状。受害严重的植株生长停滞、矮小、易落花，结荚少且籽粒不饱满，甚至整株死亡。

2. 形态特征

（1）有翅孤雌蚜。体长 1.5～1.8 毫米，长卵圆形。体黑紫色或墨绿色，有光泽，腹部色稍淡，有灰黑色斑纹。腹部各节背面中部有不规则形横带，各横带从第一节到第六节逐渐加粗加长。触角 6 节，第一节、第二节黑褐色，第三节至第六节黄白色，节间褐色。翅痣、翅脉橙黄色。腹管黑色，圆筒形，端部稍细，具瓦状纹。尾片圆锥形，黑色，明显上翘，两侧各有 3 根刚毛。

（2）无翅孤雌蚜。体长 1.8～2 毫米。体较肥胖，呈宽卵圆形，黑色或紫黑色，有光泽。体被薄蜡粉。触角 6 节，第一节、第二节和第五节末端以及第六节黑色，其余为淡黄色。腹部第一节至第六节背面有一大型灰色隆板。腹管、尾片特征同有翅孤雌蚜。

（3）有翅若蚜。体小，黄褐色，体被薄蜡粉。翅芽颈部暗黄色。腹管细长，黑色。尾片黑色，短而不上翘。

（4）无翅若蚜。体小，灰紫色或黑褐色。

3. 发生特点与生活习性 分布于全国。1 年发生 20 代，在南方地区无越冬现象，冬季以无翅若蚜在秋播的蚕豆、豌豆及沟边、路旁的杂草心叶、根茎处越冬，也有少数以卵越冬。翌年春季先在越冬寄主上繁殖。3 月中旬在田间蚕豆植株上危害，个别出现“龙头”。5—6 月迁移到菜豆上危害。豆蚜耐寒力极强，生长发育的最适温度为 19～22℃，相对湿度为 60%～75%。平均气温 21℃时，完成 1 代只需 7 天。每头雌蚜可繁殖蚜 100 多头，极易造成严重危害。温度低于 15℃或高于 25℃，相对湿度在 50%以下或 80%以上，则繁殖受到明显抑制。如冬春季干旱，则发生早，春季危害重。

4. 防治方法 主要采用药剂防治，药剂可选用 10%吡虫啉可湿性粉剂 2 500～3 000 倍液、20%吡虫啉可湿性粉剂 5 000 倍液、5%鱼藤酮乳油 500～800 倍液等，喷雾防治。

二、花蓟马

属缨翅目蓟马科，别名台湾蓟马。

1. 危害特点 花蓟马成虫、若虫主要在花冠内危害花瓣，此外，也危害叶片。被刺吸处出现灰白色小斑点，花瓣卷缩，叶片合并成饺子状。影响产量。

2. 形态特征

（1）成虫。体长 1.4 毫米，褐色。头部、胸部稍浅，前腿节端部和胫节浅褐色。触角第一、第二节和第六至第八节褐色，第三至第五节黄色，但第五节端半部褐色。前翅微黄色。腹部第一至第七背板前缘线暗褐色。头背复眼后有横纹。单眼间鬃较粗长，位于后单眼前方。触角 8 节，较粗；第三、第四节具叉状感觉锥。前胸前缘鬃 4 对，亚中对和前角鬃长；后缘鬃 5 对，后角外鬃较长。前翅前缘鬃 27 根；前脉鬃均匀排列，21 根；后脉鬃 18 根。腹部第一背板布满横纹，第二至第八背板仅两侧有横线纹。第五至第八背板两侧具微弯梳；第八背板后缘梳完整，梳毛稀疏而小。雄虫较雌虫小，黄色。腹板第三至第七节有近似哑铃形的腺域。

（2）卵。肾形，长 0.2 毫米，宽 0.1 毫米。孵化前显现出 2 个红色眼点。

（3）若虫。二龄若虫体长约 1 毫米，基色黄；复眼红色；触角 7 节，第三、第四节最长，第三节有覆瓦状环纹，第四节有环状排列的微鬃；胸部、腹部背面体鬃尖端微圆钝；第九腹节后缘有一圈清楚的微齿。

3. 发生特点与生活习性　在南方每年发生 11～14 代，以成虫越冬。成虫有趋花性。卵大部分产于花内植物组织中，如花瓣、花丝、花膜、花柄，一般产在花瓣上。每头雌虫产卵 180 粒。产卵期长达 20～50 天。1～2 龄活动力不强，3～4 龄不再取食。中温高湿有利于繁殖。

4. 防治方法

（1）及时清除田间落花、落荚，并摘除被害的卷叶和豆荚，以减少虫源。

（2）在大田架设黑光灯或性诱剂，诱杀成虫。

（3）药剂防治。40%阿维菌素可溶性粉剂 1 500 倍液，从现蕾开始，每 7～10 天喷蕾、花 1 次，可控制危害。

三、豆荚斑螟

属鳞翅目螟蛾科，别名豇豆螟、豇豆荚螟、大豆荚螟等。

1. 危害特点　幼虫蛀荚，影响产量和质量。

2. 形态特征

（1）成虫。体长 10～12 毫米，翅展 20～24 毫米。头部、胸部褐黄色，前翅褐黄色，沿翅前缘有 1 条白色纹，前翅中室内侧有棕红色金黄宽带的横线；后翅灰白色，有色泽较深的边缘。

（2）卵。椭圆形，长约 0.5 毫米，卵表面密布不规则网状纹，初产乳白色，后转黄色。

（3）幼虫。共5龄，老熟幼虫体长14～18毫米。初为黄色，后转绿色，老熟幼虫背面紫红色，前胸背板前缘中央有“人”字形黑斑，其两侧各有黑斑1个，后缘中央有小黑斑2个。气门黑色，腹足趾钩为双序环。

（4）蛹。长9～10毫米，黄褐色，臀棘6根。

3. 发生特点与生活习性 豆荚斑螟主要危害大豆。5—6月危害大豆及其他豆科作物，10—11月危害秋播大豆。干旱的气候条件，数量较多，危害较重。成虫夜出，卵产于花瓣或嫩荚上，散产或几粒一起，每雌可产卵80～90粒。幼虫孵化后，先在荚上吐丝作一丝囊，然后蛀入荚内，咬食种子。老熟幼虫落在表土中作茧化蛹。卵期3～6天，幼虫期9～12天，成虫寿命6～7天。

4. 防治方法

（1）及时清除田间落花、落荚，并摘除被害的卷叶和豆荚，以减少虫源。

（2）在大田架设黑光灯或性诱剂，诱杀成虫。

（3）药剂防治。40%阿维菌素乳油1 500倍液，从现蕾开始，每7～10天喷蕾、花1次，可控制危害。

四、斜纹夜蛾

属鳞翅目夜蛾科，别名夜盗蛾、莲纹夜蛾。斜纹夜蛾是我国农业生产上的主要害虫之[illegible]，是[illegible]种间歇性发生的暴食性害虫。

1. 危害特点 以幼虫危害叶片为主，低龄幼虫在叶背取食下表皮和叶肉，留下上表皮和叶脉形成窗纱状；高龄幼虫可蛀食豆荚，取食叶片形成孔洞和缺刻。种群数量大时，可将植株吃成光秆或仅留叶脉。

2. 形态特征

（1）成虫。中型蛾子，体长16～20毫米，翅展35～40毫米，头部、胸部灰褐色间白色，胸部背面灰褐色，被鳞片及少数毛。前翅褐色（雄蛾的色较深），斑纹复杂，有环形纹和肾形纹，由前缘向后缘外方有白色斜纹，雄蛾条纹较粗，雌蛾为3条细条纹。

（2）卵。扁半球形，卵块形状不一，每块有卵约300粒，中央有3～4层，周围有1～2层，外有驼色绒毛。

（3）幼虫。老熟幼虫体长35～47毫米，幼虫前端较细，后端较宽，体色变化较大，大发生时纯黑色，数量少时为绿色或黄色。老熟幼虫背面暗绿色，具有不规则的灰白色斑纹，背线、亚背线及气门下线灰白色，中胸至腹部第九节背面各有1对三角形的黑褐斑，其中第一、第七、第八腹节黑斑较明显。

（4）蛹。长15～20毫米，红褐色，腹部第一节至第三节背面光滑，第四节至第七节背面及第五节至第七节腹面有圆形或半圆形刻点。腹部气门后缘为锯齿状，其后有一凹陷的空腔，腹部末端有刺1对，基部分开，尖端不呈钩状。

3. 发生特点与生活习性　斜纹夜蛾在长江流域一年发生5～6代。大部分地区以蛹越冬，少数以老熟幼虫入土作室越冬。翌年3月开始羽化，各地发生代数不同，但每年都在7—10月危害严重。长江流域在7—8月大发生。

斜纹夜蛾成虫终日均能羽化，以18：00—21：00为最多，羽化后白天潜伏于作物叶片下或土壤间隙内，夜晚外出活动，取食花蜜作为补充营养。成虫产卵前期1～1.5天，每雌可产卵3～5块，最多可产10块，每块最多有卵2 000粒，最少100粒，一般300～400粒，产卵于作物叶片背面的叶脉交叉处。成虫对黑光灯趋性很强，对有清香气味的树枝和糖醋液等也有一定的趋性。卵的孵化以早晚为多，卵期的长短随温度变化而定，30℃时为3～4天，34～35℃时仅为2.5天。

斜纹夜蛾食性极杂，是一种多食性、暴食性害虫。已知可危害的作物有99科290多种，其中喜食的有90种以上，蔬菜中受害最重的是水生蔬菜、十字花科蔬菜及茄科蔬菜。斜纹夜蛾为喜温性害虫，发育适温为29～30℃，成虫出现早则当年虫情严重。当土壤湿度过低、含水量在20%以下时，不利于幼虫化蛹和羽化，1～2龄幼虫如遇暴风雨，则大量死亡。

斜纹夜蛾幼虫6龄，初孵幼虫群聚叶背取食，只留下表皮和叶脉，2龄后分散，4龄后进入暴食期，食叶成孔洞和缺刻，也食害花蕾、花及果实，严重时能将作物吃成光秆，还可蛀入甘蓝、大白菜心叶，吃光内部。幼虫有假死性，遇惊吓及落地卷缩，呈假死状。

斜纹夜蛾的天敌很多，捕食性天敌有蜘蛛和大蟾蜍；寄主性天敌有赤眼蜂，可寄生其幼虫；寄生蝇，可寄生其蛹。天敌的多少直接影响斜纹夜蛾的发生量。

4. 防治方法

（1）秋翻地。秋季翻地，可杀死部分越冬蛹或使其被天敌吃掉。

（2）人工捕杀。结合农事操作人工摘除带有卵块或带有群集幼虫的被害叶，消灭卵和幼虫。

（3）诱杀成虫。在成虫羽化高峰时，利用糖醋液和黑光灯诱杀成虫。

（4）生物防治。保护天敌，可控制害虫的发生量。可放寄生蜂，也可喷苏云金杆菌稀释液。

（5）药剂防治。药剂防治的关键时期为幼虫初孵期或幼虫低龄期，此时幼虫抗药性低。可选用2.5%溴氰菊酯可湿性粉剂3 000～5 000倍液；5%氟啶脲乳油或5%氟虫脲乳油1 500～2 000倍液，或10%虫螨腈悬浮剂1 000～2 000倍液；苏云金杆菌，或阿维·辛硫磷，或1%阿维菌素乳油2 500～3 000倍液。多种农药应交替使用。

五、甜菜夜蛾

属鳞翅目夜蛾科，别名贪夜蛾、玉米小夜蛾。

1. 危害特点　该虫分布广泛，在我国各地均有发生。寄主植物有170余种，除危害豆类蔬菜外，还危害芝麻、玉米、烟草、棉花、甜菜、青椒、茄子、马铃薯、黄瓜、西葫芦、豇豆、胡萝卜、芹菜、菠菜、韭菜、大葱等多种作物。初孵幼虫群集叶背，吐丝结网，在网内取食叶肉，留下表皮，形成透明的小孔。3龄后分散危害，可将叶片吃成孔洞或缺刻，严重时仅剩叶脉和叶柄，造成幼苗死亡，缺苗断垄，甚至毁种，对产量影响极大。

2. 形态特征

(1) 成虫。体长8～10毫米，翅展19～25毫米。灰褐色，头部、胸部有黑点。前翅灰褐色，基线仅前段可见双黑纹；内横线双线黑色，波浪形外斜；剑纹为一黑条；环纹粉黄色，黑边；肾纹粉黄色，中央褐色，黑边；中横线黑色，波浪形；外横线双线黑色，锯齿形，前后端的线间白色；亚缘线白色，锯齿形，两侧有黑点，外侧在M1翅脉处有一个较大的黑点；后翅白色，翅脉及缘线黑褐色。

(2) 幼虫。老熟幼虫体长22～27毫米。体色变化较大，有绿色、暗绿色、黄褐色、褐色至黑褐色，背线有或无，颜色也各异。较明显的特征：腹部气门下线为明显的黄白色纵带，有时带呈粉红色，此带的末端直达腹部末端，不弯到臀足上去。各节气门后上方具一明显的白点。此种幼虫在田间常易与菜青虫、甘蓝夜蛾幼虫混淆。

(3) 卵。圆球形，基部扁平，顶上有40～50条放射状的纵隆起线，卵成块产于叶面或叶背，8～100粒不等，排为1～3层，卵块上覆有雌蛾脱落的白色绒毛，因此不能直接看到卵粒。

(4) 蛹。体长13～14毫米，黄褐色。胸部气门显著外凸。臀上有刚毛2根，腹部末端有2根弯曲的小刺。

3. 发生特点与生活习性　常年发生5～6代，5月中下旬、6

月中下旬、7月中旬至8月中下旬、9月中下旬、10月中下旬，分别为各代蛾子发生高峰，主害代一般为4～5代。甜菜夜蛾在不同年份发生量差异很大，为间歇性害虫。成虫夜间活动，趋光性不强，傍晚开始活动，夜间交尾产卵。最适宜温度20～23℃，相对湿度50%～75%。成虫产卵期3～5天，每雌可产数百粒到千余粒。卵期2～6天。幼虫共5龄（少数6龄）。1～3龄群集危害，食量少；4龄后，食量大增，占幼虫一生食量的88%～92%。幼虫有假死性，受惊即跌落于地面，老熟后在寄主附近的表土内化蛹，蛹历期7～11天。

甜菜夜蛾是蔬菜、棉、谷类、豆类及牧草的重要害虫，已知寄主有170余种，特别嗜好甘蓝型蔬菜。初孵幼虫群集叶背面，吐丝结网，在其中取食叶肉，留下表皮，形成“纱窗叶”；3龄幼虫分散危害，吞食叶片成孔洞或缺刻，甚至只剩下叶脉。7—9月的高温、干旱、少雨水和丰富的食料条件，易使甜菜夜蛾暴发成灾，造成很大损失。

4. 防治方法

（1）秋耕和冬耕，可消灭部分越冬蛹。

（2）针对甜菜夜蛾的趋光性和趋化性，用频振式杀虫灯和性诱剂诱杀成虫。

（3）结合农事操作，人工采卵（摘除“纱窗叶”）消灭卵和幼虫。

（4）药剂防治。参见斜纹夜蛾的药剂防治。

六、大豆毒蛾

属鳞翅目毒蛾科，别名豆毒蛾、肾毒蛾。分布北起黑龙江、内蒙古，南至台湾、广东、广西、云南。寄主包括大豆、绿豆、苜蓿、茶、柳树、芦苇、柿树、药用植物和花卉等。

1. 危害特点 幼虫食叶，影响作物生长发育。

2. 形态特征 成虫翅展：雄虫34～40毫米，雌虫45～50

毫米。触角干褐黄色，栉齿褐色。下唇须、头部、胸部和足深黄褐色。腹部褐色。后胸和第二、第三腹节背面各有一黑色短毛束。前翅内区前半褐色，布白色鳞片，后半黄褐色，内线为一褐色宽带，内侧衬白色细线，横脉纹肾形，褐黄色，深褐色边，外线深褐色，微向外弯曲；中区前半褐黄色，后半褐色布白鳞，亚端线深褐色，在 R5 脉与 Cu1 脉处外凸，外线与亚端线间黄褐色，前端色浅，端线深褐色衬白色，在臀角处内凸，缘毛深褐色与褐黄色相间。后翅淡黄色带褐色。前、后翅反面黄褐色。横脉纹、外线、亚端线和缘毛黑褐色。雌蛾比雄蛾色暗。幼虫体长 40 毫米左右，头部黑褐色、有光泽、上具褐色次生刚毛，体黑褐色，亚背线和气门下线为橙褐色间断的线。前胸背板黑色，有黑色毛；前胸背面两侧各有一黑色大瘤，上生向前伸的长毛束，其余各瘤褐色。第一至第四腹节背面有暗黄褐色短毛刷，第八腹节背面有黑褐色毛束；胸足黑褐色，每节上方白色，跗节有褐色长毛；腹足暗褐色。

3. 发生特点与生活习性　在长江流域每年发生 3 代，以幼虫越冬。4 月开始危害，5 月老熟幼虫以体毛和丝作茧化蛹，6 月第一代成虫出现，卵产于叶上，幼龄幼虫集中危害，仅食叶肉，以后分散危害。

4. 防治方法

（1）灯光诱杀成虫。

（2）药剂防治。可选用 1.8％阿维菌素乳油 3 500 倍液、90％敌百虫晶体 800 倍液或 2.5％阿维·甲氰乳油 1 000 倍液。

七、潜叶蝇

属双翅目潜蝇科。主要以幼虫在植物叶片或叶柄内取食，形成线状或弯曲盘绕的不规则虫道，影响植物光合作用，从而造成经济损失，主要危害蚕豆和豌豆。

1. 危害特点　主要以幼虫取食叶片表皮下的叶肉。严重时可使全叶变黄枯萎，整株枯死，产量下降。成虫也可吸食汁液。

2. 形态特征

（1）成虫。褐色小蝇，体长2～3毫米，翅展5～7毫米。头部褐色或红褐色，胸部隆起，腹部灰黑色。

（2）卵。散产在嫩叶叶背的表皮组织里，产卵处可见白色小圆点。卵为长椭圆形，约0.3毫米长，淡灰白色，表面有皱皮。

（3）幼虫。呈蛆状，长2.9～3.5毫米，体表光滑、柔软，初为乳白色，后变黄白色，在叶片组织中化蛹。

（4）蛹。头小，长椭圆形略扁，长2.2～2.6毫米，初为淡黄色，后变为黄褐色或黑褐色。

3. 发生特点与生活习性 潜叶蝇1年发生多代，南方从11月起潜叶蝇以各种虫态越冬，翌年1月羽化为成虫。3—4月气温上升，潜叶蝇大量发生。5月以后气温升高，豌豆、油菜等成熟，潜叶蝇数量逐渐减少。8月秋播，气温下降，数量又逐渐增加。在干旱温暖的天气条件下，潜叶蝇大量发生，受害植株中下部叶片变成黄白色，甚至干枯，严重影响生长。

4. 防治方法

（1）及时处理有虫残株叶片，减少虫口基数。

（2）药剂防治。主要掌握在虫害发生初期就开始喷药，可用20%斑潜净乳油1 500～3 000倍液喷雾。喷雾时应注意使叶面充分湿润，以利于药液渗入表皮杀虫，夏季气温高时宜在早晨或傍晚喷药。也可用40%乐果乳油1 000倍液或90%敌百虫原药1 000倍液、50%马拉硫磷乳油1 000倍液喷雾，喷在叶背面效果更好。每10天喷1次，连喷2～3次，对幼虫和蛹有较好的防治效果。

（3）成虫诱杀。在甘薯或胡萝卜的5升煮液中加入90%敌百虫晶体2.5克制成诱杀剂，每平方米内点喷豌豆1～2株，每3～5天点喷1次，共喷5～6次。

八、豌豆象

属豆象科豆象属，分布于世界各地，我国有40多种。一般危害豌豆种子，可随种子调运而长距离传播。在气温较高的地区和仓库内能全年繁殖，造成较大损失。

1. 危害特点　主要以幼虫蛀食豆粒，将豆粒吃成空洞，造成豆粒重量损失，并影响发芽和品质，籽粒被害率高达40%以上。寄主主要是豌豆，也危害蚕豆。

2. 形态特征

（1）成虫。一种小甲虫，体长4～5毫米，宽2.6～2.8毫米，椭圆形，栗褐色。触角锯齿状11节，触角基部4节，前、中足胫节和跗节红褐色。体密被细毛。前胸背板较宽，后缘中央有一近三角形白色毛斑，两侧缘中央略前方有一向后指的尖齿。鞘翅具10条纵纹，每鞘翅有3条白色斑横带，近翅末还有2个左右排列的白斑。两鞘翅合拢时，两边第三条横带略呈“八”字形。腹末露出，白色，两侧各有一卵形黑斑。后足腿节近端部有一长尖齿。

（2）卵。长椭圆形，橘红色，较细的一端有长约0.5毫米的丝状物2根，以附着在豆荚上。

（3）幼虫。乳白色，头黑色，共4龄。1龄前胸背板带刺。老熟幼虫体长5～6毫米，分节明显，肥粗多皱纹，背隆起，略成C形。末龄幼虫胸足退化成小突起，无行动能力。

（4）蛹。长约5.5毫米，初乳白色，后淡褐色。前胸背板侧缘中央略前方各具一向后伸的齿突，鞘翅具暗褐色斑5个。

3. 发生特点与生活习性　一年发生一代，以成虫在仓库和房屋的缝隙、田间残株、树皮裂缝、松土、包装物等处越冬。成虫羽化后取食花蜜、花粉、花瓣或叶片补充营养，后交配产卵。蚕豆花荚期产卵在嫩豆荚两侧，每荚平均能产卵3～5粒，往往2粒重叠。每雌虫能产卵130～1 000粒。卵期6～9天。幼虫孵化后借助刺盘蛀入豆荚，钻入豆粒危害。被害豆粒表皮外蛀入孔为稍突起的褐色小斑点，一般1粒豆内只有1头幼虫。幼虫随成熟豆种进入仓库。老熟幼虫将豆粒种皮咬一圆形羽化孔盖后在豆粒内化蛹。成虫羽化后经数日体壁变硬后才顶破羽化孔盖钻出豆粒飞至越冬场所。也有成虫羽化后始终不钻出豆粒，而在豆粒内越冬。成虫寿命很长，一般约330天。

越冬成虫起飞温度14℃，16～18℃时飞翔力较强，可飞3～7千米。晴天下午成虫活动最盛，中午活动最弱。耐寒力强，发育起点温度10℃，完成1代有效积温360℃。温度在10～25℃时，幼虫期随温度升高而缩短。长期干旱能促进豌豆象发育、繁殖，加重其危害。

4. 防治方法

（1）田间防治。蚕豆花荚期为成虫盛发期，用90%敌百虫原药1 000倍液或菊酯类农药喷雾，每7～10天喷1次，于产卵之前杀死成虫。

（2）沸水浸烫。锅内装水八成满，水烧沸后将装好的蚕豆或豌豆边篓带豆放入锅内，上下搅拌30秒后提出，于锅外的冷水中降温，摊晾晒干后储藏。沸水浸烫可烫死豆内虫、蛹，不影响食用和发芽。该方法适用于处理少量豆种。

（3）药物熏蒸。蚕豆或豌豆收获后可用氯化苦密封熏杀48小时。氯化苦系剧毒药品，需严守操作规程及注意事项，确保人畜安全，严防中毒。

九、蜗牛

属腹足纲柄眼目巴蜗牛科，我国危害蔬菜的蜗牛主要有同型巴蜗牛和灰巴蜗牛2种。别名蜒蚰螺、水牛等。

1. 危害特点 主要以植物茎、叶、花、果及根为食。

2. 形态特征

（1）同型巴蜗牛。成螺螺壳中等，坚实而质厚，扁圆球形，高 12 毫米，宽 16 毫米。有 5～6 个螺层，前几个螺层生长缓慢，略膨胀，螺底部低矮，在体螺层周缘或缝合线上常有一暗色带，壳顶钝。壳面黄褐色或褐红色，有稠密而细致的生长线。壳口马蹄形，口缘锋利。脐孔小而深，洞穴状。爬行时体长 30～36 毫米，身体分头、足和内脏囊 3 个部分，头上有 2 对可翻转缩入的触角，复眼在后触角的顶端。口位于头部腹面，跖面宽适于爬行。卵为圆形，直径约 1.5 毫米，乳白色有光泽，逐渐变为淡黄色，近孵化时变为土黄色。幼螺体较小，形似成螺。

（2）灰巴蜗牛。螺壳中等，卵圆形，有 5～6 个螺层，壳面呈黄褐色或琥珀色，壳高 19 毫米，宽 21 毫米。成螺与同型巴蜗牛的主要区别是螺壳宽大，壳顶尖，缝合线浅，壳口呈椭圆形，脐孔狭小，呈缝隙状。

3. 发生特点与生活习性　蜗牛是我国常见的危害农作物的陆生软体动物之一。各地均有发生，生活在菜田、农田、庭院、林边杂草丛中或乱石堆里。常在雨后爬出来危害蔬菜。蜗牛一年发生 1 代，通常 2 种蜗牛同时发生。4 月下旬至 6 月底，蜗牛交配产卵并危害多种作物。7—8 月如遇高温干旱，潜伏在寄主根部或土中，并常分泌黏液封闭壳口越夏。干旱季节过后，又大量活动危害。蜗牛为雌雄同体，异体受精繁殖，一年可产卵多次，每个蜗牛可产卵 80～235 粒，卵多产于潮湿疏松的土里或枯叶下，土壤干燥或裸露地表不能孵化。阴雨天昼夜取食，在干旱的情况下昼伏夜出，爬行时留下黏液痕迹。一般春秋季降水多的年份，以及地势平坦的沿江、沿海、杂草多的菜田，蜗牛发生严重。蜗牛喜阴湿的环境，温室及大棚等设施环境内的蔬菜受害严重。

4. 防治方法

（1）清洁田间。及时中耕除草、排干积水等措施，破坏蜗牛栖息和产卵场所；换茬栽种时翻耕土壤，使卵粒暴露于地表被天敌啄食，卵粒被晒爆裂。

（2）人工诱捕。利用蜗牛昼伏夜出取食习性，傍晚在田间设置新鲜草堆、菜叶于翌日清晨捕捉。

（3）药剂防治。每亩将 2%灭旱螺饵剂或 6%四聚乙醛饵剂 500～600 克均匀施在蔬菜根系处。

十、野蛞蝓

属腹足纲柄眼目蛞蝓科，别名鼻虫。

1. 危害特点　取食叶片成孔洞，或取食果实。

2. 形态特征

（1）成体。体长 20～25 毫米，爬行时体长 30～36 毫米，长菱形。体柔软，无外壳，暗灰色、灰红色或黄白色，少数有不明显的暗带或斑点。头部前端有 2 对触角，暗黑色。头前有口，口腔内有一角质齿舌。体背前端有外套膜，为体长的 1/3，其边缘卷起，内有退化的具壳（称为盾极）。腹足扁平。腺体能分泌黏液，爬过的地方留有白色痕迹。

（2）卵。椭圆形，直径 2～2.5 毫米，晶体透明，卵核明显可见。产的卵堆积成卵堆，卵堆含卵量不一，少的 8～9 粒，多的 20 余粒，由胶状物质黏在一起。少数卵有 2 个卵核，比一般卵略大。

（3）幼体。初孵时体长 2～2.5 毫米，宽 1 毫米，约 3 天后爬出地面觅食。1 周后体长达 3 毫米左右，在土下 1～2 天内不大活动，约 3 天后才爬出地面觅食；2 周后增长到 4 毫米左右；1 个月后体长达 8 毫米；2 个月后可达 18 毫米，宽约 2 毫米；5～6 个月后发育为成体。

3. 发生特点与生活习性　在长江以南地区一年发生 2～6 代，世代重叠。以成体、幼体在作物根部湿土下、河沟边、草丛中及石板下越冬。在南方，4—6 月和 9—11 月是危害高峰期，也是产卵繁殖盛期。成体、幼体均能危害蔬菜的叶、茎，偏嗜含水量多、幼嫩的部位，咬食后形成不规则的缺刻或孔洞。爬行过的地方有白色黏液带。春、秋季产卵。大部分卵产于湿度大、较隐蔽的土块缝隙中。卵白色，小粒，具卵囊，每囊40～60粒。成体平均产卵400余粒。野蛞蝓喜欢生活在阴暗潮湿的场所，畏光，怕热，多在18：00以后活动危害，22：00—23：00达到危害高峰，翌日清晨日出陆续潜入土中或隐蔽处。

4. 防治方法 参见蜗牛的防治方法。

十一、小地老虎

属鳞翅目夜蛾科，别名土蚕、黑地蚕等。

1. 危害特点 幼虫在土中咬食种子、幼芽，老龄幼虫可将幼苗基部咬断，造成缺苗断垄，1龄、2龄幼虫啃食叶肉，残留表皮呈“窗孔状”。子叶受害，会形成很多孔洞或缺刻。

2. 形态特征

（1）成虫。体长17～23毫米，翅展40～45毫米。头部及胸部背面暗褐色。雌蛾触角丝状；雄蛾双栉状，分枝较短，仅达触角之半，触角端部为丝状。足褐色，前足胫节与跗节外缘灰褐色，中、后足各节末端有灰褐色环纹。前翅棕褐色，前缘黑褐色，有6个灰白色小点；基线为双线，黑色，波浪形；环纹黑色，有一圆灰环；肾纹黑色，有黑边，其外方有一尖端向外的黑色楔形斑，与亚外缘线上2个尖端向内的黑色楔形斑相对；剑纹褐色，有黑边；中横线暗黑褐色，波浪形；外横线为双线，褐色，波浪形；亚外缘线灰色，不规则，锯齿状，与外横线在齐脉上有小黑点；外缘线黑色；外横线与亚外缘间淡褐色，亚外缘线以外黑褐色。后翅灰白色，翅脉及缘线褐色，腹部背面灰色。

（2）卵。卵扁圆形。卵高0.33～0.44毫米，宽0.58～0.61毫米，顶部稍隆起，底部较平，棕褐色，卵孔不显著，纵棱比横道粗，有二分岔和三分岔。

（3）幼虫。老熟幼虫体长37～47毫米，宽5～6.5毫米，黄褐色至暗褐色，背线明显，体表布满大小不等的颗粒，臀板黄褐色，具2条深褐色纵带。

（4）蛹。体长18～24毫米，宽6～7.5毫米，黄褐色至暗褐色。腹部第五至第七节腹面前缘有小而较细的刻点，第四节背面前缘中央有3～4排圆形和长圆形的凹纹，第五至第七节背面前缘有3～4排圆形凹纹，越近背面中央的凹纹越密、越深，越近侧面则成为浅而稀的刻点，气门后面无刻点。腹部末端微延长，色较深，着生较短的黑褐色粗刺1对，中间分开。

3. 发生特点与生活习性 小地老虎1年发生可达3～4代。以第一代发生数量最多，其他各代发生数量少，危害也较轻。

越冬代成蛾在2月中旬始见，产卵盛期为3月底至4月中旬，孵化盛期在4月中旬，危害盛期在5月上旬，化蛹盛期在5月下旬，6月上旬进入羽化盛期。

成虫趋化性强，喜香甜物质。趋光性弱，但对黑光灯有强烈趋性。喜在弱光下产卵，产卵量与获得补充营养的质量有关，幼虫期的营养与当年的气候条件有关，平均每头产卵达1 000粒以上，最多可达2 000多粒。卵散产，主要产在小蓟、藜、小旋菜等植物幼苗近地面叶片的背面，少数产在枯草和土面上。越冬成虫盛发后20～30天为幼虫危害盛期。成虫盛期后，一般3～5天即达产卵盛期，10天左右为卵的盛孵期，15～20天为大量幼虫白天潜伏、夜晚出来危害时期。小地老虎食性很杂，取食植物包括大田作物、蔬菜、瓜果、苗木及杂草等，约36科100余种。小地老虎虽对食料的适应范围较广，但对植物种类的嗜好程度有差别，一般喜食多汁植物。幼虫共6龄，3龄前在地面，取食杂草或寄主幼嫩部位，危害不大；3龄后昼夜潜伏在地表下，夜间出来危害；幼虫发育到4龄后，常咬断整株幼苗，常见半株幼苗被拖入土中，半株幼苗暴露于土外。1～3龄幼虫的食量只占一生食量的3%，4～6龄幼虫的食量占97%。3龄以前的幼虫多在植物上取食叶片，抗药能力弱，是选择药剂防治的有利时机。幼虫动作敏捷，性残暴，虫口密度大时自相残杀，老熟幼虫有假死习性，受惊蜷缩成环形。幼虫发育历期 12～18 天，越冬蛹历期则长达 150 天。

小地老虎抗干、抗湿、抗低温的能力强，对高温的抗性弱。卵在－11℃处理 20 小时，孵化率为 75%～80%；在 40℃处理 2 小时，孵化率为 60%。初孵化幼虫在－7～－5℃处理 17 小时，仅有少量死亡；但 1～5 龄幼虫在 45℃下处理 2～4 小时，则全部死亡。

此外，小地老虎发生数量与降水量也有密切关系。根据各地资料，前一年秋季（8—10 月）多雨，降水量在 250～300 毫米，而当年 3—4 月降水量较常年少，降水量在 200 毫米以下，特别是降水量在 150 毫米以下的年份，小地老虎有大发生的可能。与此相反，前一年秋雨少、当年春雨多，不利于小地老虎发生危害。因为前一年秋雨多，不利于天敌活动，为小地老虎末代卵、幼虫成活创造了条件；同时，降水多，土壤湿度大，秋草繁茂，食料丰富，有利于小地老虎的发育，因而越冬基数大。当年 3—4 月降水少，有利于越冬幼虫化蛹、羽化和成虫交配产卵，特别是 4 月上中旬降水量少，直接有利于第一代幼龄幼虫成活，使其危害严重。

4. 防治方法

（1）预测预报。可采用黑光灯或糖醋液引诱成蛾，预测到成蛾高峰后 20～25 天为 2～3 龄幼虫盛期，即为防治适期。

（2）农业防治。早春清除菜田及周围杂草，防止小地老虎成虫产卵是关键一环。如发现已产卵，且发现 1～2 龄幼虫，则应先喷药后再除草，以免个别幼虫入土隐蔽。清除的杂草要远离菜田处理。

（3）堆草诱杀幼虫。在菜苗定植前，小地老虎仅以田中杂草为食，因此可选择小地老虎喜食的藜、刺心菜、苦荬菜、小旋菜、苜蓿、艾蒿、鹅儿草等杂草堆放诱集小地老虎幼虫，或人工捕捉，或拌入药剂毒杀。

（4）化学防治。小地老虎1～3龄幼虫抗药性差，且暴露在寄主植物或地面上，是药剂防治的适期。喷雾可选用5%氟虫脲乳油1 500～2 000倍液、5%氟啶脲乳油1 500～2 000倍液、90%敌百虫晶体800倍或50%辛硫磷乳油1 000倍液。

十二、蛴螬

1. 危害特点 蛴螬是鞘翅目金龟甲总科幼虫的总称，在我国危害最重的是大黑鳃金龟、暗黑鳃金龟和铜绿丽金龟。大黑鳃金龟在国内除西藏尚未发现外，各省份均有分布。暗黑鳃金龟各省份均有分布，为长江流域及其以北旱作地区的重要地下害虫。铜绿丽金龟国内除西藏、新疆尚未发现外，其他各省份均有分布，但以气候较湿润且果树、林木多的地区发生较多。蛴螬类食性很杂，可以危害多种农作物、牧草以及林木的幼苗。蛴螬取食萌发的种子，咬断幼苗的根、茎，轻则缺苗断垄，重则毁种绝收。蛴螬危害幼苗的根、茎，断口整齐平截，易于识别。许多种类的成虫还喜食农作物和果树、林木的叶片、嫩芽、花蕾等，造成严重损失。

2. 形态特征

（1）大黑鳃金龟。

①成虫。体长16～22毫米，宽8～11毫米。黑色或黑褐色，具光泽。触角10节，鳃片部3节呈黄褐色或赤褐色，约为其后6节的长度。鞘翅长椭圆形，其长度为前胸背板宽度的2倍，每侧有4条明显的纵肋。前足胫节外齿3个，内方距1根；中、后足胫节末端距2根。臀节外露，背板向腹下包卷，与腹板相会合于腹面。雄性前臀节腹板中间具明显的三角形凹坑，雌性前臀节腹板中间无三角形凹坑，但具1个横向的枣红色菱形隆起骨片。

②卵。初产时长椭圆形，长约2.5毫米，宽约1.5毫米，白色略带黄绿色光泽；发育后期近圆球形，长约2.7毫米，宽约

2.2 毫米，洁白有光泽。

③幼虫。3 龄幼虫体长 35～45 毫米，头宽 4.9～5.3 毫米。头部前顶刚毛每侧 3 根，其中冠缝侧 2 根，额缝上方近中部 1 根。内唇端感区刺多为 14～16 根，感区刺与感前片之间除具 6 个较大的圆形感觉器外，尚有 6～9 个小圆形感觉器。肛腹板后覆毛区无刺毛列，只有钩状毛散乱排列，多为 70～80 根。

④蛹。长 21～23 毫米，宽 11～12 毫米，化蛹初期为白色，以后变为黄褐色至红褐色，复眼的颜色依发育进度由白色依次变为灰色、蓝色、蓝黑色至黑色。

（2）暗黑鳃金龟。

①成虫。体长 17～22 毫米，宽 9.0～11.5 毫米。长卵形，暗黑色或红褐色，无光泽。前胸背板前缘具有成列的褐色长毛。鞘翅伸长，两侧缘几乎平行，每侧 4 条纵肋不显。腹部臀节背板不向腹面包卷，与肛腹板相会合于腹末。

②卵。初产时长约 2.5 毫米，宽约 1.5 毫米，长椭圆形；发育后期呈近圆球形，长约 2.7 毫米，宽约 2.2 毫米。

③幼虫。3 龄幼虫体长 35～45 毫米，头宽 5.6～6.1 毫米。头部前顶刚毛每侧 1 根，位于冠缝侧。内唇端感区刺多为 12～14 根；感区刺与感前片之间除具有 6 个较大的圆形感觉器外，尚有 9～11 个小的圆形感觉器。肛腹板后部覆毛区无刺毛列，只有散乱排列的钩状毛 70～80 根。

④蛹。长 20～25 毫米，宽 10～12 毫米，腹部背面具发音器 2 对，分别位于腹部第四、第五节和第五、第六节交界处的背面中央，尾节呈三角形，两尾角呈钝角岔开。

（3）铜绿丽金龟。

①成虫。体长 19～21 毫米，宽 10～11.3 毫米。背面铜绿色，其中头部、前胸背板、小盾片色较浓，鞘翅色较淡，有金属光泽。唇基前缘、前胸背板两侧呈淡黄褐色。鞘翅两侧具不明显的纵肋 4 条，肩部具疣状突起。臀板三角形，黄褐色，基部有 1

个倒正三角形大黑斑，两侧各有 1 个小椭圆形黑斑。

②卵。初产时椭圆形，长 1.65～1.93 毫米，宽 1.30～1.45 毫米，乳白色；孵化前呈圆球形，长 2.37～2.62 毫米，宽 2.06～2.28 毫米，卵壳表面光滑。

③幼虫。3 龄幼虫体长 30～33 毫米，头宽 4.9～5.3 毫米。头部前顶刚毛每侧 6～8 根，排成一纵列。内唇端感区刺大多 3 根，少数为 4 根；感区刺与感前片之间具圆形感觉器 9～11 个，居中 3～5 个较大。肛腹板后部覆毛区刺毛列由长针状刺毛组成，每侧多为 15～18 根，两列刺毛尖端大多彼此相遇或交叉，仅后端稍许岔开些，刺毛列的前端远没有达到钩状刚毛群的前部边缘。

④蛹。长 18～22 毫米，宽 9.6～10.3 毫米，体稍弯曲，腹部背面有 6 对发音器，臀节腹面上，雄蛹有 4 列的疣状突起，雌蛹较平坦，无疣状突起。

3. 发生特点与生活习性 大黑鳃金龟在我国仅华南地区 1 年发生 1 代，以成虫在土中越冬；其他地区均是 2 年发生 1 代，成虫、幼虫均可越冬，但在 2 年 1 代区，存在不完全世代现象。在北方，越冬成虫于春季 10 厘米土温上升到 14～15℃时开始出土，10 厘米土温达 17℃以上时成虫盛发。5 月中下旬日均气温 21.7℃时田间始见卵，6 月上旬至 7 月上旬日均气温 24.3～27.0℃时为产卵盛期，末期在 9 月下旬。卵期 10～15 天，6 月上中旬开始孵化，盛期在 6 月下旬至 8 月中旬。孵化幼虫除极少一部分当年化蛹羽化，大部分当秋季 10 厘米土温低于 10℃时，即向深土层移动，低于 5℃时全部进入越冬状态。越冬幼虫翌年春季当 10 厘米土温上升到 5℃时开始活动。以幼虫越冬为主的年份，翌年春季麦田和春播作物受害重，而夏秋作物受害轻；以成虫越冬为主的年份，翌年春季作物受害轻，夏秋作物受害重。出现隔年严重危害的现象，即“大小年”。

暗黑鳃金龟在江苏、安徽、河南、山东、河北、陕西等地均是1年发生1代，多数以3龄幼虫筑土室越冬，少数以成虫越冬。以成虫越冬的，成为翌年5月出土的虫源。以幼虫越冬的，一般春季不危害，于4月初至5月初开始化蛹，5月中旬为化蛹盛期。蛹期15～20天，6月上旬开始羽化，盛期在6月中旬，7月中旬至8月上旬为成虫活动高峰期。7月初田间始见卵，盛期在7月中旬，卵期8～10天，7月中旬开始孵化，7月下旬为孵化盛期。初孵幼虫即可危害，8月中下旬为幼虫危害盛期。

铜绿丽金龟1年发生1代，以幼虫越冬。越冬幼虫在春季10厘米土温高于6℃时开始活动，3—5月有短时间危害。在江苏、安徽等地，越冬幼虫于5月中旬至6月下旬化蛹，5月底为化蛹盛期。成虫出现始期为5月下旬，6月中旬进入活动盛期。产卵盛期在6月下旬至7月上旬。7月中旬为卵孵化盛期，孵化幼虫危害至10月中旬。当10厘米深的土温低于10℃时，开始下潜越冬。越冬深度大多在20～50厘米。室内饲养观察表明，铜绿丽金龟的卵期、幼虫期、蛹期和成虫期分别为7～13天、313～333天、7～11天和25～30天。在东北地区，春季幼虫危害期略迟，盛期在5月下旬至6月初。

4. 防治方法

（1）大面积秋、春耕，并随犁拾虫，施腐熟厩肥，以降低虫口数量；在蛴螬发生严重的地块，合理灌溉，促使蛴螬向土层深处转移，避开幼苗最易受害时期。

（2）使用频振式杀虫灯防治成虫效果极佳。一般6月中旬开始开灯，8月底撤灯，每天开灯时间为21：00至翌日4：00。

（3）可用50%辛硫磷乳油每亩200～250毫升，加水10倍，喷于25～30千克细土中拌匀成毒土，顺垄条施，随即浅锄，能收到良好效果。

（4）拌种用的药剂主要有50%辛硫磷乳油，其用量一般为药剂∶水∶种子＝1∶（30～40）∶（400～500）拌种。

（5）沟施毒谷。每亩用25%辛硫磷胶囊剂150～200克拌谷子等饵料 5 千克左右，或 50%辛硫磷乳油 50～100 克拌饵料 3～4 千克撒于种沟中。

第三节　豆类蔬菜主要草害及其防治技术

杂草适应性强，生长发育和繁殖迅速，大量消耗土壤水分和养分，并遮挡太阳光，直接影响豆类蔬菜生长发育，从而降低其产量和品质。杂草也是病害媒介和害虫栖息的场所，在田间杂草丛生的情况下，常常引起病虫害发生和流行。另外，田间杂草多，会影响田间管理，同时对豆类蔬菜收获工作也有很大阻碍。尤其是机械化栽培，杂草会增加机械牵引的阻力和机械损耗。当田间杂草多时，应及时清除；否则，将会严重影响产量。

豆类蔬菜的田间杂草种类很多，主要有马唐、狗尾草、白茅、马齿苋、野苋菜、藜、铁苋头、小蓟、大蓟、龙葵、牛筋草、画眉草、地锦等一年生杂草和香附子、小旋花、刺儿菜、节节草等多年生杂草。

防治田间杂草，是促进豆类蔬菜正常生长发育、提高产量和品质的主要措施之一。生产中，除草一直是栽培管理上的重要环节。应根据田间杂草的发生种类、危害特点及相应的耕作栽培措施，因地制宜，分别采取农业措施、化学除草剂、除草塑料薄膜以及其他新技术措施除草，综合搭配防治效果更好。

一、主要杂草种类

1. 马唐　俗名抓地秧、爬地虎，属禾本科一年生杂草，遍布大江南北。在北方豆类产区，每年春季 3—4 月发芽出土，至 8—10 月发生数代，茎叶细长，当 5～6 片真叶时，开始匍匐生长，节上生不定根芽，不断长出新茎枝，总状花序，3～9 个指状小穗排列于茎秆顶部，每株可产种子 2.5 万多粒。由于生长快，繁殖力特别强，能夺取土壤中大量的水肥，影响豆类蔬菜生根发棵和开花结实，造成大幅度减产。可采用扑草净、异丙甲草胺、甲草胺等化学除草剂防除。

2. 狗尾草　俗名谷莠子，属禾本科一年生杂草，在我国南北方的豆类蔬菜产区均有分布。茎直立生长，叶带状，长 1.5～3 厘米，株高 30～80 厘米，簇生，每茎有一穗状花序，长 2～5 厘米，3～6 个小穗簇生，小穗基部有 5～6 条刺毛，果穗有 0.5～0.6 厘米的长芒，棒状果穗形似狗尾。每簇狗尾草可产种子 3 000～5 000粒，种子在土中可存活 20 年以上。根系发达，抗旱耐瘠，生活力强，对豆类蔬菜生长影响甚大。可用甲草胺、乙草胺和异丙甲草胺等防除。

3. 蟋蟀草　俗名牛筋草，属禾本科一年生杂草，是我国南北方主要的旱地杂草。每年春季发芽出苗，1 年可生 2 茬。夏、秋季抽穗开花结籽，每茎 3～7 个穗状花序，指状排列。每株结籽 4 000～5 000 粒，边成熟边脱落，种子在土壤中的寿命可达 5 年以上。根系发达，须根多而坚韧，茎秆丛生而粗壮，很难拔除。耐瘠耐旱，吸水肥能力强。豆类蔬菜受其危害减产很严重。可采用甲草胺、扑草净等防除。

4. 白茅　俗名茅草、甜草根，属禾本科多年生根茎类杂草。有长匍匐状茎横卧地下，蔓延很广，黄白色，每节鳞片和不定根有甜味，故名甜草根。茎秆直立，高 25～80 厘米。叶片条形或条状披针形。圆锥花序紧缩呈穗状，顶生，穗成熟后，小穗自柄上脱落，随风传播。茎分枝能力很强，即使入土很深的根茎，也能发生新芽，向地上长出新的枝叶。多分布在河滩沙土豆类蔬菜产区。由于其繁殖快，吸水肥能力强，严重影响豆类蔬菜产量的提高。采用噁草酮加大用药量防除，有很好的效果。

5. 马齿苋　俗名马齿菜，属马齿苋科，一年生肉质草本植物，茎枝匍匐生长，带紫色，叶楔状、长圆形或倒卵形，光滑无柄。花 3～5 朵，生于茎枝顶端，无梗，黄色。蒴果圆锥形，盖裂种子很多，每株可产 5 万多颗种子。马齿苋是遍布全国旱地的杂草。在我国北方，每年 4—5 月发芽出土，6—9 月开花结实。根系吸水肥能力强，耐旱性极强，茎枝切成碎块后无须生根也能开花结籽，繁殖特别快，能严重影响豆类蔬菜产量，要及时消灭。采用乙草胺和西草净等化学除草剂，以及进行地膜覆盖，有较好的防除效果。

6. 野苋菜 俗名人腥菜，种类很多，主要有刺苋、反枝苋和绿苋，属苋科一年生肉质野菜。茎直立，有棱，株高 40～100 厘米，暗红色或紫红色，有纵条纹，分枝和叶片均为互生。叶菱形或椭圆形，俯生或顶生穗状花序。每株产种子 10 万～11 万粒，种子在土壤中可存活 20 年以上。野苋菜是我国南北方旱地分布较广的杂草。北方每年 4—5 月发芽出土，7—8 月抽穗开花，9 月结籽。由于植株高、叶片大、根须多，吸水肥力强，遮光性强，对豆类蔬菜危害严重。地膜栽培时，采用西草净、噁草酮、乙草胺等除草剂均有很好的防除效果。

7. 藜 俗名灰灰菜，属藜科，是我国南北方分布较广的一年生阔叶杂草。在我国北方 4—5 月发芽出苗，8—9 月结籽，每株产籽 7 万～10 万粒。种子可在土里存活 30 多年。由于根系发达、植株高大、叶片多，吸水肥力强，遮光量大，种子繁殖力强，对豆类危害特别大。应及时采用乙草胺、西草净、噁草酮防除。

8. 铁苋头 俗名牛舌腺，属大戟科一年生双子叶杂草。铁苋头是我国旱地分布较广的杂草，在北方春季 3—4 月发芽出苗。虽植株矮小，但生活力强，条件适合时 1 年可生 2 茬，是棉铃虫、红蜘蛛的中间寄主，严重危害豆类蔬菜。应在春季采用化学除草剂防除，随时人工拔除，彻底清除。用乙草胺、西草净等化学除草剂，防除效果好。

9. 小蓟和大蓟 俗名刺儿菜，属菊科多年生杂草，分布在全国各地。有根状茎，地上茎直立生长，小蓟株高 20～50 厘米，茎叶互生，在开花时凋落。叶矩形或长椭圆形，有尖刺，全缘或有齿裂，边缘有刺，头状花序单生于顶端，雌雄异株，花冠紫红色，花期在4—5月。主要靠根茎繁殖，根系很发达，可深达2～3米，由于根茎上有大量的芽，每处芽均可繁殖成新的植株，再生能力强。因其遮光性强，对豆类蔬菜前中期生育影响很大，而且是蚜虫传播的中间寄主植物。可应用乙草胺、西草净和噁草酮等化学除草剂防除。

10. 香附子 俗名旱三凌、回头青，属莎草科旱生多年生杂草。分布于我国南北方沙土旱作豆类蔬菜产区。茎直立生长，高20～30厘米。茎基部圆形，地上部三棱形，叶片线状，茎顶有3个花苞，小穗线形，排列呈复伞状花序，小穗上开10～20朵花，每株产1 000～3 000粒种子。有性繁殖靠种子，无性繁殖靠地下茎。地下茎分为根茎、鳞茎和块茎，繁殖力特强。香附子在我国北方4月初块茎、鳞茎和少量种子发芽出苗，5月大量繁殖生长，6—7月开花，8—10月结籽，并产生大量地下块茎。在生长季节，如果只锄去地上部株苗，其地下茎1～2天就能重新出土，故称回头青。繁殖快，生活力强，对豆类蔬菜危害大。可用西草净、扑草净防除。

11. 龙葵 俗名野葡萄，属茄科一年生杂草，株高30～40厘米，茎直立，多分枝、枝开散。基部多木质化，根系较发达，吸水肥能力强。植株占地范围广，遮光严重。龙葵喜光，适宜在肥沃、湿润的微酸性至中性土壤中生长。种子繁殖生长期长，在豆类田5—6月出苗，7—8月开花，8—9月种子成熟，植株至初霜时才枯死，豆类蔬菜全生育期均遭其危害。可用乙草胺等化学除草剂防除。

二、农业措施除草

1. 合理轮作 轮作换茬，可从根本上改变杂草的生态环境，有利于改变杂草群体、降低伴随性杂草种群密度，创造不利于杂草生长的环境条件，是除草的有效措施之一，尤其是水旱轮作，效果更好。与玉米、小麦、高粱、谷子、甘薯等作物轮作，轮作周期应不少于3年。

2. 深翻土地 深翻能把表土上的杂草种子较长时间埋入深层土壤中，使其不能正常萌发或丧失生活能力，还能破坏多年生杂草的地下繁殖部分。同时，将部分杂草的地下根茎翻至土表，使其冻死或晒干，可以消灭多种一年生和多年生杂草。

3. 施用充分腐熟的有机肥 有机肥中常混有大量具有发芽能力的杂草种子。土杂肥腐熟后，其中的杂草种子经过高温氨化，大部分丧失了生活力，危害减轻。所以，施用充分腐熟的有机肥，是防治杂草的有效措施。

4. 中耕除草 在豆类蔬菜生育期间，分期适当中耕培土，是清除田间杂草的重要措施。尤其在东北春豆类区，以垄作为主要耕作栽培方式，分期中耕培土对消除田间杂草具有更显著的作用。豆类蔬菜生长前期中耕除草，是常用的基本除草方法，是及时清除豆类蔬菜田间杂草、保证豆类蔬菜正常生长发育的重要手段。

三、化学除草剂除草

使用化学除草剂防治豆类蔬菜田间杂草，能大幅度提高劳动生产率，减轻劳动强度。尤其用地膜覆盖豆类蔬菜田进行化学除草，不仅使一般机械难以除掉的株间杂草得以清除，还使传统的耕作栽培法得到了改进。由于田间除草剂种类繁多、各有特点，可根据豆类蔬菜田间杂草发生的具体情况选择除草剂品种。在使用过程中，严格按照说明书使用，最好在喷施前先小面积试验，掌握最佳用量，以利于提高药效、防止药害。

1. 氟乐灵 乳剂，橙红色，又名茄科宁、氟特力。氟乐灵为进口产品，剂型较多，是一种选择性低毒除草剂。氟乐灵施入土壤后，在潮湿和高温条件下挥发，光解作用也会加速药剂的分解导致药剂失效。该除草剂适于播前土壤处理和播后芽前土壤处理，主要防除禾本科杂草，其防除杂草的持效期为3～6个月。

氟乐灵有杀伤双子叶植物子叶和胚轴的能力，在杂草发芽时，直接接触子叶或被根部吸收传导，能抑制分生组织的细胞分裂，使杂草停止生长而死亡，具有高效安全的特点。无论露地栽培或覆膜栽培，一定要先播种覆土后再施药覆膜，以免伤苗。严格按照使用说明的标准用药，兑水后均匀喷雾于地表，并及时交叉浅耙垄面，将药液均匀拌入 3 厘米左右的表土层中。氟乐灵对一年生单子叶、双子叶杂草都有较好的防效。对马唐、蟋蟀草、狗尾草、画眉草、千金子、稗草、碎米莎草、早熟禾、看麦娘等一年生杂草有显著防效。兼防苋菜等阔叶杂草，为了扩大杀草谱，兼治阔叶类杂草，可与嗪草酮、杀草丹、甲草胺、噁草酮等除草剂混用，每亩用 48%氟乐灵乳油 80～120 毫升，兑水 40～50 千克后均匀喷雾。

2. 扑草净　国产除草剂，剂型较多，但一般为白色可湿性粉剂。扑草净是一种内吸传导型选择性低毒除草剂，对金属和纺织品无腐蚀性；遇无机酸、碱分解；对人、畜和鱼类毒性很低。能抑制杂草的光合作用，使之因生理饥饿而死。对杂草种子萌发影响很小，但可使萌发的幼苗很快死亡。主要防除马唐、稗草、牛毛草、鸭舌草等一年生单子叶杂草和马齿苋等一年生双子叶恶性杂草，以及部分一年生阔叶类杂草及部分禾本科、莎草科杂草，中毒杂草产生失绿症状，逐渐干枯死亡，对豆类蔬菜安全。扑草净是一种芽前除草剂，于豆类蔬菜播后出苗前使用，田间持效期 40～70 天。该除草剂适于播前土壤处理和播后芽前土壤处理，每亩用 80%扑草净可湿性粉剂 50～70 克，兑水 50 千克后均匀喷雾。严格按照使用说明标准用药，使用前，将扑草净兑水后搅拌，使药粉充分溶解，于豆类蔬菜播种后均匀喷于垄面，随即覆盖地膜。其他使用方法同氟乐灵。扑草净还可与甲草胺混合使用，效果很好。

注意事项：①药量要称准，土地面积要量准，药液喷洒要喷匀，以免产生药害。②该除草剂在低温时效果差，春播豆类蔬菜田施用可适当加大药量。气温高于 30℃时，易生药害。因此，在夏播豆类蔬菜上要减少药量或不用。

3. 杀草丹 杀草丹主要用于防除一年生禾本科杂草及莎草科香附子和一些阔叶类杂草，田间持效期为 40～60 天。每亩用 70%杀草丹乳油 180～250 毫升，兑水 50 千克后均匀喷雾。其他使用方法同氟乐灵。

4. 乙草胺 又名绿莱利、消草安。国产除草剂，乳油制剂，是一种低毒性除草剂，对人、畜安全。主要抑制和破坏杂草种子细胞蛋白酶。单子叶禾本科杂草主要由芽鞘将乙草胺吸入株体；双子叶杂草主要由幼芽、幼根将乙草胺吸入株体。被杂草吸收后，可抑制芽鞘、幼芽和幼根的生长，致使杂草死亡。但豆类蔬菜吸收后能很快将其代谢分解，不产生药害且安全生长。主要防除马唐、稗草、狗尾草、早熟禾、蟋蟀草、野藜等一年生禾本科杂草，对野苋菜、藜、马齿苋防效也很好。对多年生杂草无效。在土壤中的持效期为 8～10 周。

乙草胺为芽前选择性除草剂，必须在豆类蔬菜播种后出苗前喷施于地面，覆盖地膜栽培比露地栽培防效高。覆盖地膜栽培的每亩用药量要比露地栽培每亩用药量少，使用时应注意搅拌使药液乳化。于豆类播种后，整平地面，将药液全部均匀地喷于垄面。地膜栽培的，于喷药后立即覆盖地膜；豆类蔬菜出苗后，可与吡氟氯禾灵混合后喷洒于地面，既抑制了萌动尚未出土的杂草，又杀死了已出土的杂草，防效大幅提高。

注意事项：①乙草胺的防效与土壤湿度和有机质含量关系很大，覆盖地膜栽培和沙地栽培用药量应酌情减少，露地栽培和肥沃黏壤土地栽培用药量可酌情增加。②黄瓜、水稻、菠菜、小麦、韭菜、谷子和高粱等粮菜作物对乙草胺敏感，切忌施用。③对人、畜和鱼类有一定毒性，施用时要远离饮水、河流、池塘及粮食、饲料等，以防污染。④对眼睛、皮肤有刺激性，应注意防护。⑤有易燃性，储存时应避开高温和明火。

5. 甲草胺　又名拉索、草不绿。剂型较多。甲草胺是一种播后芽前施用的选择性除草剂，主要通过杂草芽鞘吸入植物体内杀死苗株从而发挥药效。一次施药可控制豆类蔬菜全生育期的杂草，同时不影响下茬作物生长。对人、畜毒性很小，持效期为 2 个月左右。主要防除一年生禾本科杂草及异型莎草等。对马唐、狗尾草等单子叶杂草防效较高，对野苋菜、藜等双子叶杂草防效较低。甲草胺是豆类蔬菜地膜栽培大面积应用的除草剂之一。甲草胺为芽前除草剂，在豆类蔬菜播种后出苗前，按覆盖地膜栽培每亩用 48％甲草胺乳剂 150 毫升，露地栽培每亩用 200 毫升。用时兑水 50～75 千克均匀搅拌为乳液，充分乳化后喷施。露地栽培的豆类蔬菜播种覆土耙平后至出苗前 5～10 天均匀喷洒于地面，禁止人、畜进地践踏；覆膜的豆类蔬菜要在播种覆土后立即喷药，药液要喷匀、喷严，要把全部药液喷完，然后覆膜，膜与地面要贴紧、压实，以保持土壤温度、湿度。土壤保持一定湿度，更能发挥其杀草效能，因此覆膜栽培甲草胺的施用效果优于露地栽培。南方豆类蔬菜产区气候湿润可露地栽培施用，北方气候干燥可覆膜栽培施药。

另据试验，野苋菜、马齿苋、苍耳、龙葵等双子叶阔叶杂草较多的田块，甲草胺可与扑草净等除草剂混用以扩大杀草谱，提高除草效果。

注意事项：①该乳剂对眼睛和皮肤有一定刺激作用，如溅入眼内或溅在皮肤上，要立即用清水洗干净。②能溶解聚氯乙烯、丙烯腈等塑料制品，需用金属、玻璃器皿盛装。③遇冷（低于 0℃）易出现结晶，已结晶的甲草胺在 15～20℃时可再溶化，对药效没有影响。

6. 噁草酮　又名农思它。噁草酮为进口产品，剂型较多。噁草酮对人、畜、鱼类和土壤、农作物低毒低残留，施用安全。噁草酮是芽前和芽后施用的选择性除草剂。芽前施用主要杀死杂草的芽鞘，芽后施用主要通过杂草地上部芽和叶吸入株体，使之在阳光照射下死亡。主要防除一年生禾本科杂草和部分阔叶类杂草，对马唐、牛毛草、狗尾草、稗草、野苋菜、藜、铁苋头等单子叶、双子叶杂草都有较好的防效，兼治香附子、小旋花等多年生杂草，对多年生禾本科杂草雀稗也有很好的杀灭效果，总杀草率达 94.5%～99.5%。如果土壤湿度条件较好，加大用药量，对白茅草和节节草等多年生恶性杂草也有很好的防除效果。噁草酮在土壤中的持效期为 80 天以上。在豆类蔬菜芽前喷施噁草酮后，苗期杀草率达 98.1%，开花下针期杀草率达 99.4%。噁草酮在苗后喷施，对整株的酢浆草和田旋花特别有效，苗后喷施对禾本科杂草效果一般。

噁草酮对杂草的防效主要在芽前表现，因此施药期应在豆类蔬菜播种后出苗前进行，一般不在出苗后施用。覆盖地膜田块由于保持土壤湿润，杀草效果优于露地栽培。每亩施药量以 12%噁草酮乳油 150～175 毫升，或 25%噁草酮乳油 75～150 毫升为宜，兑水 50～75 千克，在豆类蔬菜播种后覆膜前均匀喷于地面。

注意事项：①噁草酮对人、畜毒性虽小，但切忌吞服。如溅到皮肤上，应以大量肥皂水冲洗干净；溅到眼睛里，用大量干净的清水冲洗。②噁草酮易燃，切勿存放在热源附近。③使用的喷雾器械要充分冲洗干净，才能用来喷施噁草酮。

7. 异丙甲草胺 又名屠莠胺、杜尔、金都尔。异丙甲草胺为进口的 72%异丙甲草胺乳油，是豆类蔬菜覆盖地膜栽培大面积应用的一种芽前选择性除草剂。主要通过芽鞘或幼根进入株体，杂草出土不久就被杀死，一般杀草率为 80%～90%。对马唐、稗草、藜等一年生单子叶杂草，防效达 90.7%～99%；对荠菜、野苋菜、马齿苋等双子叶杂草，防效为 66.5%～81.4%。异丙甲草胺在豆类蔬菜播前施用后的持效期为 3 个月。豆类蔬菜封垄后对行间的禾本科杂草仍有防效，3 个月后药力活性自然消失，对后茬禾本科作物无影响。异丙甲草胺对一年生禾本科杂草有特效，对部分小粒种子的阔叶杂草也有一定效果。

异丙甲草胺在豆类蔬菜播种后覆膜前地面喷施。每亩用量以100～150毫升为宜。沙土地或覆膜栽培的豆类蔬菜上用量可少些，露地栽培或土层较黏的地块及旱地栽培用量可多些，水田地栽培的豆类蔬菜用量可少些。每亩用适量异丙甲草胺兑水50～75千克搅匀后，均匀喷施豆类蔬菜田块，要将药液全部喷完。

注意事项：①异丙甲草胺易燃，储存时温度不要过高。②严格按推荐用量喷药，以免豆类蔬菜出现药剂残留问题。③无专用解毒药剂，施用时要注意安全。

8. 二甲戊灵　主要防除一年生禾本科杂草及部分阔叶类杂草。每亩用33%二甲戊灵乳油150～250毫升。二甲戊灵为豆类蔬菜播后芽前除草剂，其防除效果与土壤湿度密切相关，土壤湿润时，药剂扩散，杂草萌发齐而快，防除效果好；土壤干旱、墒情差时，药剂不易扩散，防除效果差。因此，在土壤墒情差时，可结合浇水或加大喷水量（药量不变），以提高药效。苗后茎叶喷雾。

9. 丙炔氟草胺　主要用于防除阔叶类杂草及部分禾本科杂草，每亩用50%丙炔氟草胺可湿性粉剂8～12克，兑水50千克，均匀喷施于地表。为扩大杀草谱，可与乙草胺、异丙甲草胺混用。

10. 吡氟氯禾灵　吡氟氯禾灵是一种芽后选择性低毒除草剂，主要用于防除一年生和多年生禾本科杂草，对抽穗前的一年生和多年生禾本科杂草的防除效果很好，对阔叶杂草和莎草无效。豆类蔬菜2～4叶期、禾本科杂草3～5叶期施药。防除一年生禾本科杂草时，每亩用10.8%吡氟氯禾灵高效乳油20～30毫升，喷雾于杂草茎叶。干旱情况下可适当提高用药量。防除多年生禾本科杂草时，每亩用10.8%吡氟氯禾灵高效乳油30～40毫升。当豆类蔬菜与禾本科杂草及苋、藜等混生时，可与苯达松、三氟羧草醚混用，以扩大杀草谱、提高防效。吡氟氯禾灵＋乳氟禾草灵或单用苯达松，可防除多种单子叶、双子叶杂草。

11. 烯草酮 主要用于防除一年生和多年生禾本科杂草，于杂草 2～4 叶期施药。每亩用 12%烯草酮乳油 30～40 毫升，兑水 30～40 千克。晴天上午喷雾。

12. 吡氟禾草灵 主要防除禾本科杂草。每亩用 35%吡氟禾草灵乳油或 15%精吡氟禾草灵乳油 50～70 毫升，防除一年生禾本科杂草；每亩用 35%吡氟禾草灵乳油 80～120 毫升，防除多年生禾本科杂草。为扩大杀草谱，可与乳氟禾草灵或苯达松混用。

13. 普杀特 又名豆草唑。普杀特为低毒除草剂，是选择性芽前和早期苗后除草剂，适用于豆科作物防除一年生、多年生禾本科杂草和阔叶杂草等，杀草谱广。在豆类蔬菜播后出苗前喷于土壤表面，也可在豆类蔬菜出苗后茎叶处理。用药量严格遵照使用说明。在单子叶、双子叶杂草混生的豆类蔬菜田块，可与二甲戊灵或乙草胺混合施用，提高药效。

四、塑料薄膜除草

除草药膜是含除草药剂的塑料透光薄膜，制作时将除草剂按一定的有效成分溶解后，均匀涂压或者喷涂至塑料薄膜的一面。在豆类蔬菜播种后，覆盖土壤表面封闭播种行，然后打孔点播或者破孔出苗，药膜上的药剂在一定湿度条件下，与水滴一起转移至土壤表面或者下渗至一定深度，形成药层发挥除草效果。使用除草药膜，不需喷除草剂，不需备药械，工序简单，不仅省工日、除草效果好、药效期长，而且除草剂的残留明显可防除低于直接喷除草剂覆盖普通地膜。在覆盖除草药膜时，豆类蔬菜垄必须耙平、耙细，膜要与土贴紧，注意不要用力拉膜，以防影响除草效果。

1. 甲草胺除草膜 每 100 米^2 含药 7.2 克，除草剂单面析出率 80%以上。经各地使用效果统计得知，对马唐、稗草、狗尾草、画眉草、莎草、藜、苋等杂草的防治效果在 90%左右。

2. 扑草净除草膜 每 100 米^2 中含药 8 克，除草剂单面析出率70%～80%。适用于防除豆类蔬菜田以及马铃薯、胡萝卜、番茄、大蒜等田块主要杂草，防治一年生杂草效果很好。

3. 异丙甲草胺除草膜　分为单面有药和双面有药2种，单面有药的除草膜注意用时药面朝下。对防除豆类蔬菜田的禾本科杂草和部分阔叶杂草效果很好，防治效果在90%以上。

4. 乙草胺除草膜　杀草谱广，对豆类蔬菜田块的马唐、牛筋草、铁苋头、苋菜、马齿苋、莎草、刺儿菜、藜等，防治效果高达100%，是豆类蔬菜田除草药膜中除草效果较理想的一种。

5. 有色除草膜　有色膜是不含除草剂、基本不透光的塑料薄膜，有色膜是利用其基本不透光的特点，使部分杂草种子不能发芽出土，即便部分杂草种子能发芽出土，不见阳光也不能生长。用于生产的有色膜主要包括黑色膜、银灰色膜、绿色膜、黑白相间膜等。有色膜除草效果较好，尤其对防除夏季豆类蔬菜田杂草效果突出。据试验测定，其除草效果达100%。在除草的同时，采用银灰色膜还可驱避豆蚜等害虫。黑色膜既可以除草，还可以提高地温，增加产量。由于有色膜无化学除草剂，所以无毒无残留，适用于生产无公害豆类、绿色食品和有机食品，是农业可持续发展的理想产品。

第四节　豆类蔬菜非生物性病害及其防治技术

一、大豆非生物性病害

（一）大豆缺氮

1. 症状　大豆需氮量比相同产量的禾谷类多4～5倍。大豆缺氮先是真叶发病，严重时从下向上黄化，直至顶部新叶。在复叶上沿叶脉有平等的连续或不连续铁锈色斑块，褪绿从叶尖向基部扩展，直至全叶呈浅黄色，叶脉也失绿。叶小而薄，易脱落，茎细长。

2. 发生原因 前作施入有机肥少，土壤含氮量低，降水多，氮被雨水淋失，或阴离子交换少的沙土、沙壤土等土壤都易缺氮。

3. 预防及补救措施 应及时追施氮肥，每亩追施尿素5～7.5千克，或用1%～2%的尿素溶液进行叶面喷施，每7天左右喷施1次，共喷2～3次。

（二）大豆缺磷

1. 症状 大豆缺磷，开花后叶片出现棕色斑点，种子小，根瘤少，茎细长。植株下部叶深绿色，叶片厚，凹凸不平，狭长。缺磷严重时，叶脉黄褐色，后期全叶呈黄色，根瘤发育差。

2. 发生原因 在土壤偏酸、土壤坚实的情况下，易发生缺磷症；由于低温持续时间长严重影响磷的吸收，因此在生产上地温低也会缺磷。

3. 预防及补救措施 应及时追施磷肥，每亩可追施过磷酸钙12.5～17.5千克，或用2%～4%的过磷酸钙溶液进行叶面喷施，每7天左右喷施1次，共喷2～3次。

（三）大豆缺钾

1. 症状 大豆缺钾，5～6片叶即出现症状。叶片发黄，症状从下部叶向上部叶发展。叶缘开始产生失绿斑点，扩大成块，斑块相连，向叶中心蔓延，后仅叶脉周围呈绿色。黄化叶难以恢复，叶薄，易脱。缺钾严重的植株只能发育至结荚期，结荚稀，瘪荚、秕粒多，根短、根瘤少，植株瘦弱。

2. 发生原因 土壤中含钾量低或使用石灰肥料多，影响大豆对钾的吸收，常会发生缺钾。

3. 预防及补救措施 可每亩施5千克硫酸钾防治缺钾，或出现缺钾症后每亩喷0.5%硫酸钾溶液50千克。

（四）大豆缺钙

1. 症状 大豆缺钙新叶不伸展，黄化并有棕色小点，易形成小洞。老叶先从叶中部和叶尖开始，叶缘、叶脉仍为绿色。叶缘下垂、扭曲，叶小、狭长，叶端呈尖钩状。根暗褐色，脆弱，呈黏稠状，叶柄与叶片交接处呈暗褐色，严重时茎顶卷曲，呈钩状枯死。

2. 发生原因　施用氮肥、钾肥过量会阻碍钙的吸收和利用。

3. 预防及补救措施　酸性土壤每亩撒施 50～100 千克石灰，也可以施用钙镁磷肥或有机肥。

（五）大豆缺镁

1. 症状　大豆缺镁症状在第一对真叶即出现，成株中下部叶先褪绿变淡，叶小，叶有灰条斑，斑块外围色深。有的病叶反张、上卷，有时皱叶部位同时出现橙、绿两色相嵌斑或网状叶脉分割的橘红色斑；个别中部叶脉红褐色，成熟时变黑色。叶缘、叶脉平整光滑。

2. 发生原因　在沙土上种植的大豆缺镁是由于土壤供镁不足造成的；生产上施用钾肥过多、地温低或缺磷都可能造成大豆缺镁。

3. 预防及补救措施　每亩施含镁丰富的石灰 75 千克可防治大豆缺镁。

（六）大豆缺硫

1. 症状　大豆缺硫生长，尤其是营养生长受阻，症状类似缺氮。大豆生育前期新叶失绿，后期老叶黄化，出现棕色斑点，叶脉、叶肉均生成米黄色大斑块，染病叶易脱落。迟熟，根细长，植株瘦弱，根瘤发育不良。

2. 发生原因　温暖多雨地区土壤易缺硫；长期不施硫酸铵、过磷酸钙、硫酸钾等含硫肥料也可引起缺硫；偏僻山区的空气中含硫少，易缺硫。

3. 预防及补救措施　每亩施纯硫 1.3～1.5 千克，作基肥撒施。在缺硫土壤中，最好施用含硫的氮、磷、钾化肥，每亩可用过磷酸钙 11～12 千克或硫酸钾 7～8 千克。

（七）大豆缺锰

1. 症状 大豆缺锰，症状从上部叶开始显现，子叶组织变褐色，新叶叶脉间褪绿发黄，叶脉仍保持绿色，脉纹较清晰。后期，新叶叶脉两侧着生针孔大小的黑点，新叶卷成荷花状，全叶黄色，黑点消失，叶脱落，籽粒不饱满，严重时顶芽枯死，迟熟。

2. 发生原因 在碳酸盐类土壤或石灰性土壤及可溶性锰淋失严重的酸性土壤上，易发生缺锰；富含有机质且地下水位比较高的中性土壤也会缺锰；生产中，土壤通气不良、含水量高、过量施用未腐熟有机肥，也会出现缺锰症状。

3. 预防及补救措施 缺锰时，可用0.01%～0.02%的硫酸锰溶液进行叶面喷施。

（八）大豆缺锌

1. 症状 大豆缺锌时生长缓慢，叶脉间变黄，叶片呈柠檬黄色，出现褐色斑点，逐渐扩大，并连成坏死斑块，继而坏死组织脱落；植株纤细，迟熟。

2. 发生原因 北方石灰性土壤pH高，易缺锌；过量施用磷肥，诱发缺锌；低温影响对锌的吸收。

3. 预防及补救措施 可用0.1%～0.2%的硫酸锌溶液进行叶面喷施。

（九）大豆缺硼

1. 症状 大豆缺硼顶芽停止生长，下卷，成株矮缩，新叶失绿，叶肉出现浓淡相间斑块，上位叶较下位叶色淡，小、厚、脆。老叶粗糙增厚，主根尖端死亡，侧根多而短，僵直。根瘤发育不良，荚少，多畸形。缺硼严重时，顶部新叶皱缩或扭曲，个别呈筒状，有时叶背局部现红褐色。

2. 发生原因 偏施氮肥或有机肥施用不足，钙素施用量大，均会导致土壤缺硼。

3. 预防及补救措施 每亩施0.3千克硼酸或用0.1%硼砂拌

种，可防治大豆缺硼。

二、花生非生物性病害

（一）花生缺氮

1. 症状　叶片浅黄色、小，影响果针形成及荚果发育。茎部发红，根瘤少，植株生长不良，分枝少。

2. 发生原因　花生对氮肥不太敏感，但前作施入有机肥少或土壤含氮量低，降水多、氮被雨水淋失，以及阴离子交换少的沙土、沙壤土等土壤易缺氮。试验表明，每千克纯氮可增收花生荚果 3～8 千克。

3. 预防及补救措施　一是施足有机肥；二是接种根瘤菌，增施磷肥促使其自身固氮；三是始花前 10 天每亩施用硫酸铵5～10 千克，最好与有机肥沤制 15～20 天后共用，也可每亩追施尿素 5～10 千克。

（二）花生缺磷

1. 症状　花生缺磷时叶色暗绿，茎秆细瘦，颜色发紫，根瘤少，花少，荚果发育不良。

2. 发生原因　花生对磷反应较敏感，当田间施用有机肥不足或地温低影响磷的吸收时，会出现缺磷症状。

3. 预防及补救措施　可每亩用优质过磷酸钙 30～40 千克与有机肥一起作底肥施用；也可每亩用过磷酸钙 15～25 千克与有机肥混合沤制 15～20 天，作基肥或种肥集中沟施，可防止缺磷。

（三）花生缺钾

1. 症状　初期叶色稍变暗，接着叶尖现黄斑，后叶缘出现浅棕色黑斑。致叶缘组织焦枯，叶脉仍保持绿色，叶片易失水卷曲，荚果少或畸形。

2. 发生原因　土壤含钾量低时，花生对钾的反应较敏感。花生对石灰及石膏中的钙较敏感，因此，花生对钾的反应会因缺钙而受到限制。花生与禾谷类作物轮作 3 年，对钾反应不明显，但3年后对钾反应会一直很敏感。当土壤中速效钾低于90毫克/千克时，就会出现缺钾现象。

3. 预防及补救措施 增施钾肥、草木灰、硫酸钾等，注意与氮、磷营养配合。可在初花期每亩施50～75千克草木灰，或者每亩用硫酸钾5～10千克。必要时，叶面喷施0.3%磷酸二氢钾溶液。

（四）花生缺钙

1. 症状 花生缺钙时，荚果发育差，影响籽仁发育，形成空果。缺钙时常形成黑胚芽。缺钙后果胶物质少，果壳发育不致密，易烂果；苗期缺钙严重时，叶面失绿、叶柄断落或生长点萎蔫死亡，根不分化。

2. 发生原因 土壤缺钙或施用氮、钾肥过量，会阻碍对钙的吸收和利用。

3. 预防及补救措施 酸性土壤施入适量石灰，石灰性土壤施入适量石膏（硫酸钙）可预防缺钙。硫酸钙是一种生理酸性肥料，除供给花生钙和硫外，也可用于改良盐碱土，施用量为每亩50～100千克；也可在花期追施，每亩25千克左右；必要时，用0.5%硝酸钙溶液叶面喷施。

（五）花生缺镁

1. 症状 缺镁花生顶部叶片叶脉间失绿，茎秆矮化，严重缺镁会造成植株死亡。

2. 发生原因 土壤中镁含量低，或土壤中不缺镁，但由于施钾过量影响了花生对镁的吸收。

3. 预防及补救措施 必要时，喷施0.5%硫酸镁溶液。

（六）花生缺硫

1. 症状 症状与缺氮类似，但缺硫时一般顶部叶片先黄化（失绿），而缺氮时多先从老叶开始黄化或上下同时黄化。

2. 发生原因 花生对硫较敏感。试验表明，花生田经常施过磷酸钙，其中含有一定的硫。如果施用不含硫的过磷酸钙或硝酸磷肥，土壤中可能缺硫。

3. 预防及补救措施　适当施入硫酸铵或含硫过磷酸钙可预防缺硫。

（七）花生缺铁

1. 症状　花生缺铁时叶肉失绿，严重的叶脉也褪绿。

2. 发生原因　一般土壤中不缺铁，但土壤中影响有效铁的因素很多，如石灰性土壤中含碳酸钠、碳酸氢钠较多，pH 高时，铁呈难溶性的氢氧化铁而沉淀，或形成溶解度很小的碳酸盐，大大降低了铁的有效性。此外，雨季铁离子淋失较多，这时正值花生生长旺期，对铁需要量大，易造成缺铁。

3. 预防及补救措施　花生缺铁可每亩用硫酸亚铁 200～400 克与有机肥或过磷酸钙混施，播前用 0.1%硫酸亚铁溶液浸种。在花生下针期、结荚期出现缺铁症状时，每亩用 0.2%～0.3%硫酸亚铁溶液 30 千克，叶面喷施，一般每 5～7 天喷 1 次，连续喷洒 2～3 次。

（八）花生缺锰

1. 症状　花生缺锰早期叶脉间呈灰黄色，到生长后期时，缺绿部分即呈青铜色，叶脉仍保持绿色，但没有大豆缺锰症状那么明显。

2. 发生原因　富含有机质且地下水位比较高的中性土壤会缺锰；土壤通气不良、含水量高、过量施用未腐熟的有机肥，也会出现缺锰症状。

3. 预防及补救措施　最好每亩用 23%～24%的硫酸锰 1～2 千克作基肥，必要时，可用 0.05%～0.1%的硫酸锰溶液浸种或叶面喷施，每 7～10 天喷 1 次。

（九）花生缺锌

1. 症状　花生缺锌时，叶小簇生，叶面两侧出现斑点，植株矮小，节间缩短，叶片发生条带状失绿，严重时则整个小叶失绿。缺锌能引起光合作用受阻，茎和芽中的生长素含量减少，导致植株矮小，节间缩短，叶色褪绿，出现花白苗。

2. 发生原因 石灰性土壤、盐碱土、沼泽土容易缺锌。质地沙性、低温、湿度大或有机质含量低的土壤易缺锌。大量施用磷肥会诱发作物缺锌；施用氮肥多，会导致土壤有效锌不足；在酸性土壤中，长期施用石灰会改变土壤酸碱度，也会诱发缺锌。石灰性渍水难排的田地极易发生缺锌，排水提高土壤的氧化势，对防止缺锌有显著效果。

3. 预防及补救措施 锌肥有硫酸锌、氯化锌、氧化锌、碳酸锌等，常施用硫酸锌防治缺锌。可每亩施硫酸锌 15 千克作基肥或用 0.1%～0.2%硫酸锌溶液浸种 12 小时，也可叶面喷施 0.02%～0.1%的硫酸锌溶液 2～3 次。

（十）花生缺钼

1. 症状 植株矮小，生长缓慢，叶片失去绿色，且有大小不一的黄色或橙黄色斑点。严重缺钼时，叶的边缘萎蔫，有时叶片扭曲成环状，老叶变厚、焦枯，甚至死亡。

2. 发生原因 花生本身属于喜钼作物，虽然需钼量少，但是花生对钼却十分敏感，缺钼的花生无法获得高产。酸性土壤易缺钼；缺磷土壤易缺钼；土壤锰过量，抑制钼吸收。

3. 预防及补救措施 每亩用钼酸铵 50～100 克与 12%过磷酸钙 1 千克混合施用作基肥，或用钼酸铵按种子量的 0.2%～0.3%拌种，或用 0.1%～0.2%钼酸铵溶液叶面喷施。

三、蚕豆非生物性病害

（一）蚕豆缺钾

1. 症状 植株严重矮缩，叶片边缘略卷，变为黑褐色。

2. 发生原因 钾是蚕豆生产中需求量最大的营养元素，蚕豆在花期前需要吸收的钾素约占全生育期需要量的 83%。当蚕豆连作时，土壤中钾素消耗量大，补充不及时，将造成土壤缺钾。蚕豆缺钾现象常发生在沙壤土蚕豆田中。

3. 预防及补救措施　可在土壤中施用氯化钾或硫酸钾肥料，也可以每公顷施用草木灰 3 750～7 500 千克。叶面喷施 0.2%的磷酸二氢钾，也能够减轻缺钾症状。

（二）蚕豆缺锌

1. 症状　植株叶色变浅、矮缩，老叶的叶脉间黄化斑驳并带有红褐色斑点，叶片较正常植株小。

2. 发生原因　强碱性土壤，以及贫瘠、沙性、长期使用含锌量低的肥料的土壤中易发生缺锌。同时施用除草剂或将植株残体翻入土壤，会加重缺锌症状。

3. 预防及补救措施　在播种时，增施硫酸锌肥料。

（三）蚕豆缺锰

1. 症状　新叶叶脉间呈现淡黄色，叶片颜色不均匀，叶尖坏死，新叶上出现褐色斑点。

2. 发生原因　土壤中缺少锰元素，易发生在碱性土壤蚕豆田中。

3. 预防及补救措施　叶面喷施 0.5%硫酸锰。

（四）蚕豆缺铁

1. 症状　新叶脉间黄化，植株顶部区域的叶片逐渐由严重黄化变为全株性黄化；严重缺铁时，叶尖坏死。

2. 发生原因　土壤中缺少可被植物吸收的铁元素，碱性土壤蚕豆田中易发生缺铁现象。

3. 预防及补救措施　在土壤中施用铁螯合剂或在叶面喷施 0.5%的硫酸亚铁。

（五）蚕豆无根瘤症

1. 症状　植株颜色变浅、株高降低；根系中无根瘤或仅有极少的根瘤；根瘤内部不出现红色，失去固氮活性。

2. 发生原因　多发生在酸性土壤中，冷凉地区易发生，未种过豆科作物的生地也会发生。

3. 预防及补救措施　避免在从未种植过蚕豆的土壤中种植

蚕豆，国外采取的防治措施是在土壤中接种固氮根瘤菌。

（六）蚕豆涝害

1. 症状 蚕豆较为耐涝，但田间过度积水也会发生涝害，涝害发生后常常加重叶斑病的发生。当发生涝害时，植株表现出缺铁和缺氮的症状。虽然植株仍能生长，但是当涝害解除时，却很快死亡。涝害也会导致根腐病的发生。

2. 发生原因 田地低洼、排水不良的地块易发生涝害；耕层浅、底层硬实的土地易发生涝害。

3. 预防及补救措施 平整土地，防止田地低洼，改善排水条件。

（七）蚕豆霜害

1. 症状 当受到霜害时，蚕豆叶片边缘、花、荚和未成熟种子变为紫褐色或黑炭色；茎和叶片上出现疱状物；种子变黑与其发育程度有关，受霜冻后同一个荚中并不是所有的籽粒都变黑；荚受霜害后发生膨大，外皮分离，荚表面呈现色泽不一的斑驳。在重霜后，茎秆发软、弯曲，但植株一般不会死亡。

2. 发生原因 在蚕豆花期和结荚期，当气温突然降至低于2℃时会发生霜害。

3. 预防及补救措施 种植耐霜害的品种。

（八）蚕豆低温冻害

1. 症状 蚕豆冻害发生在植株生长早期或花荚期，常引起生长点死亡而导致生长受阻，叶片受冻后发生不规则的坏死斑；豆荚受害后发生细胞质壁分离，组织变黑坏死，如连续数日低温，受害部位会出现日轮纹。受冻害后的植株生长势弱，易发生其他真菌性病害。

2. 发生原因 0℃或低于0℃的气温会造成蚕豆受冻害，海拔较高的地区和气候变化频繁的地区易发生低温冻害。

3. 预防及补救措施 品种间对冻害的抵抗能力有差异，在常发生冻害的地区，应选择耐冻害品种。

（九）蚕豆除草剂药害

1. 症状　蚕豆植株中上部茎变软，失去支撑力，导致植株茎秆向下弯曲。

2. 发生原因　过量施用除草剂。

3. 预防及补救措施　合理使用除草剂。

四、豌豆非生物性病害

（一）豌豆缺氮

1. 症状　叶色变浅、发黄，植株较矮。一般老叶先出现症状；缺氮较重时，导致开花减少，植株早衰落叶。

2. 发生原因　豌豆在生长期间需要较多的氮素，至开花期需氮量占全生育期的99%，因此，土壤缺氮将直接影响植株生长。土壤偏酸、植株生长前期土壤温度偏低等原因影响根系的结瘤功能，也会诱发豌豆缺氮现象。

3. 预防及补救措施　在播种豌豆前，适当施用少量氮肥，每亩施1.5千克尿素。

（二）豌豆缺钾

1. 症状　植株全株叶片初期表现为叶边缘褪绿并逐渐向内扩展，当缺钾严重时，叶片边缘组织发生焦枯坏死。

2. 发生原因　豌豆生长过程中，特别是在豆荚形成阶段需要较多的钾肥。土壤缺钾现象主要发生在沙壤土豌豆田中。

3. 预防及补救措施　在土壤中施用氯化钾或硫酸钾肥料。

（三）豌豆缺铁

1. 症状　初期为新叶出现叶脉间黄化，植株上部叶片逐渐由严重黄化变为全株性黄化；新叶可能恢复正常；严重缺铁时，叶尖坏死。

2. 发生原因　土壤中缺乏可被植株吸收利用的铁元素。豌豆缺铁症状在碱性土壤中易出现，当发生涝害时，也会出现短时间的植株缺铁现象。

3. 预防及补救措施 如果在开花前出现缺铁现象，可以在土壤中施用铁螯合物或在叶面喷施0.5%硫酸亚铁。

（四）豌豆缺锌

1. 症状 植株老叶片上出现黄褐色斑驳块，叶片边缘或顶端组织坏死；缺锌严重时，植株矮小甚至发生萎蔫。

2. 发生原因 主要发生在碱性土质、土壤瘠薄、缺锌的田块中。

3. 预防及补救措施 在土壤中增施硫酸锌肥料。

（五）豌豆缺锰

1. 症状 幼嫩叶片的叶脉间轻度黄化，稍老的叶片表现为斑驳；幼嫩叶片出现浅褐色斑点或发生叶尖坏死；籽粒中部凹陷并变褐。

2. 发生原因 土壤中缺少锰元素，豌豆缺锰现象易发生在强碱性土壤中。

3. 预防及补救措施 叶面喷施0.5%硫酸锰。

（六）豌豆冻害

1. 症状 若冻害发生在植株生长早期，常常引起生长点死亡；新叶受冻后，叶片变粗燥、边缘不齐或为双瓣叶；老叶在叶背的主脉间出现水渍状病斑并导致维管束系统坏死。受冻害后的植株由于生长势弱，易发生真菌性病害。

2. 发生原因 0℃或低于0℃的气温会造成豌豆受冻害，植株冻害的严重程度既受品种耐冻性的影响，也与冻害发生程度、发生期长短以及冻害发生前后气温变化幅度有关。

3. 预防及补救措施 品种间的耐冻害能力不同，在常发生冻害的地区，应选择耐冻害品种。

（七）豌豆霜害

1. 症状 豌豆受到霜害时，常常导致幼嫩的分枝、叶片发生褐变甚至枯死。若霜害发生在幼苗阶段，可以导致全株死亡。

2. 发生原因 在高海拔地区，因气温不稳定，常在秋播豌豆地区发生霜害。

3. 预防及补救措施　在常发生霜害的地区，应种植耐霜害的品种。

（八）豌豆渍害

1. 症状　在叶片近边缘处产生很小的水渍状小斑点，病斑逐渐向叶片中心扩展，并导致叶片边缘向上卷曲，严重时一个分枝上多个叶片受害。

2. 发生原因　大气和土壤湿度高、气温偏暖是引起渍害的原因。

3. 预防及补救措施　改善环境条件、控制土壤湿度可以减轻渍害。

（九）豌豆涝害

1. 症状　在发生涝害时，植株表现出缺铁和缺氮的症状。植株在涝害时可能仍能生长；但当涝害解除时，却很快死亡。受涝的植株根系会产生较重的根腐病，导致根组织变黑。

2. 发生原因　发生在地势低洼、排水不好的地块。

3. 预防及补救措施　平整土地，防止低洼积水，改善排水条件。

REFERENCES 主要参考文献

陈静芬，裴雁曦，1997. 菜用豆类栽培（上）豌豆・蚕豆・大豆・扁豆［M］. 北京：金盾出版社.

胡晓，郭高球，2000. 蚕豆豌豆高产栽培［M］. 北京：金盾出版社.

王晓鸣，朱振东，段灿星，等，2007. 蚕豆豌豆病虫害鉴别与控制技术［M］. 北京：中国农业科学技术出版社.

许林英，崔丽利，史骏，等，2022. 鲜食大豆高效种植新技术［M］. 北京：中国农业出版社.

许林英，张琳玲，2021. 鲜食花生品种和高效栽培管理技术［M］. 北京：中国农业出版社.

许映君，耿玉华，施满法，等，2002. 菜豆［M］. 北京：经济日报出版社.

许运天，1952. 落花生入地结实的生理研究［J］. 农业学报（1）：80-85.

张建平，仪海亮，马静梅，等，2015. 作物营养缺素诊断与科学施肥［M］. 郑州：中原农民出版社.